计算机网络与通信原理

宋晓炜 编著

清华大学出版社
北京

内 容 简 介

本书依据校企合作企业——某农业产业园网络系统建设与运维需求，把计算机网络原理知识和技术进行归纳整理，同步该产业园网络系统建设与运维全过程。本书共分 11 个工作场景，包括认识计算机网络、IP 规划、配置网络通信参数、局域网技术、广域网配置、DNS 服务器配置、DHCP 配置、WWW 配置、FTP 配置、网络环境安全保障和网络系统建设与运维。

本书可以作为职业院校、技师学院、中等专业学校计算机相关专业的教材，也适合作为从事网络技术应用、网络系统建设与运维的技术人员的参考书。

本书封面贴有清华大学出版社防伪标签，无标签者不得销售。
版权所有，侵权必究。举报：010-62782989，beiqinquan@tup.tsinghua.edu.cn。

图书在版编目(CIP)数据

计算机网络与通信原理/宋晓炜编著. —北京：清华大学出版社，2024.6
ISBN 978-7-302-66189-4

Ⅰ.①计⋯ Ⅱ.①宋⋯ Ⅲ.①计算机网络－研究 ②计算机通信－研究 Ⅳ.①TP393②TN919

中国国家版本馆 CIP 数据核字(2024)第 084981 号

责任编辑：李玉茹
封面设计：杨玉兰
责任校对：翟维维
责任印制：沈 露

出版发行：清华大学出版社
    网　　址：https://www.tup.com.cn, https://www.wqxuetang.com
    地　　址：北京清华大学学研大厦 A 座　　邮　编：100084
    社 总 机：010-83470000　　邮　购：010-62786544
    投稿与读者服务：010-62776969, c-service@tup.tsinghua.edu.cn
    质量反馈：010-62772015, zhiliang@tup.tsinghua.edu.cn
    课件下载：https://www.tup.com.cn, 010-62791865

印 装 者：三河市少明印务有限公司
经　　销：全国新华书店
开　　本：185mm×260mm　　印　张：15.5　　字　数：371 千字
版　　次：2024 年 6 月第 1 版　　印　次：2024 年 6 月第 1 次印刷
定　　价：59.00 元

产品编号：098546-01

前　　言

计算机网络技术与各行业的有机融合，推动了行业的快速发展，计算机网络已经充分融入人们生活中，成为不可或缺的一部分。在这个网络技术不断更新的信息时代，云计算、大数据、物联网、区块链、元宇宙等基于计算机网络的新技术、新应用不断涌现，全社会对于职业院校计算机网络相关课程的教学提出了更高的要求。为了适应时代发展的步伐，满足职业院校对计算机网络原理教学的需求，特编写了本书。

本书具有以下特点：

1. 融入素质教育、贯彻职业教育新理念

本书以培养学生职业技能为目标，通过"工作场景和任务驱动"的编写形式，把计算机网络的基础知识有机地融入具体的工作场景中，突出"工学结合"特点和"课程思政"特色，提高学生运用理论知识的能力，助力高素质技能型人才的培养。

2. 对接企业需求、满足就业要求

为了突出本书的实用性，我们在编写过程中尽量把行业、企业最新最前沿的技术融入进来，使得教学内容与实际应用对接，提升了教学的职业性、针对性、实用性和前瞻性。

本书共包括 11 个工作场景，分别是认识计算机网络、IP 规划、配置网络通信参数、局域网技术、广域网配置、DNS 服务器配置、DHCP 配置、WWW 配置、FTP 配置、网络环境安全保障和网络系统建设与运维。每个工作场景由若干具体的工作任务组成，学生可以在学习相应的理论知识后完成具体的学习型工作任务，充分体现学、做一体化的特点。

本书由开封大学宋晓炜主编，负责编写工作场景 1、工作场景 2 和工作场景 3；开封大学母军臣负责编写工作场景 4、工作场景 10 和工作场景 11；开封大学李林负责编写工作场景 5；开封大学王晓婷负责编写工作场景 6；开封大学杨桦负责编写工作场景 7 和工作场景 8；河南瑞通灌排设备有限公司杨亚伟负责编写工作场景 9。在本书的编写过程中，作者参阅了大量书籍和网络资料，在此一并向这些资料的作者表示诚挚的感谢！

本书若在内容和形式上有不妥之处，恳请读者批评指正。

编　者

素材、课件

目 录

工作场景 1 认识计算机网络 1

工作任务 1 回顾计算机网络的发展历史 2
- 1.1.1 第一代计算机网络 2
- 1.1.2 第二代计算机网络 3
- 1.1.3 第三代计算机网络 4
- 1.1.4 第四代计算机网络 5
- 1.1.5 互联网在中国的发展 5

工作任务 2 明确计算机网络的定义与功能 6
- 1.2.1 计算机网络的定义 6
- 1.2.2 计算机网络的功能 6

工作任务 3 理顺计算机网络的分类 8
- 1.3.1 根据网络覆盖范围分 8
- 1.3.2 根据网络传输介质分 11
- 1.3.3 根据网络传输技术分 11
- 1.3.4 根据网络使用性质分 12
- 1.3.5 接入网 13

工作任务 4 理解计算机网络的组成与拓扑结构 13
- 1.4.1 计算机网络的组成 13
- 1.4.2 计算机网络拓扑结构 14

工作任务 5 使用 Microsoft Visio 设计网络拓扑结构 17
- 1.5.1 Visio 2021 软件的安装 17
- 1.5.2 使用 Visio 2021 绘制网络拓扑图 18
- 1.5.3 使用 Visio 2021 绘制网络机架图 21

工作任务 6 计算机网络发展新技术和新应用 22
- 1.6.1 物联网 23
- 1.6.2 5G 网络 24
- 1.6.3 云计算 24
- 1.6.4 区块链 25
- 1.6.5 元宇宙 25

学习任务工单 使用 Microsoft Visio 设计网络拓扑 26

知识和技能自测 29

工作场景 2 IP 规划 30

工作任务 1 认识计算机网络体系结构 31
- 2.1.1 网络体系结构的基本概念 31
- 2.1.2 OSI 参考模型 33
- 2.1.3 TCP/IP 体系结构 39

工作任务 2 规划 IP 地址 41
- 2.2.1 IP 地址 41
- 2.2.2 子网划分 43

工作任务 3 安装与使用 Wireshark 45
- 2.3.1 Wireshark 的安装 45
- 2.3.2 数据包抓取 49

工作任务 4 分析 IP 协议 50

工作任务 5 分析 ARP 和 RARP 协议 52
- 2.5.1 物理地址 52
- 2.5.2 ARP 协议 52
- 2.5.3 ARP 的工作机制 53
- 2.5.4 RARP 协议 54

工作任务 6 分析 ICMP 协议 54
- 2.6.1 ICMP 协议 54
- 2.6.2 ICMP 报文格式 54

工作任务 7 分析 TCP 和 UDP 协议 56
- 2.7.1 TCP 协议 56
- 2.7.2 UDP 协议 58

工作任务 8 简述 IPv6 新技术 59
- 2.8.1 IPv4 面临的困境 59
- 2.8.2 IPv6 优势 59
- 2.8.3 IPv6 地址表示方式 60

学习任务工单 农业产业园 IP 地址规划 61

知识和技能自测 62

工作场景 3 配置网络通信参数 63

工作任务 1 认识数据通信系统 64

3.1.1 数据通信的基本概念 64
3.1.2 数据通信系统模型 65
工作任务 2 配置数据传输方式 67
3.2.1 单工、半双工和全双工通信 ... 67
3.2.2 并行传输和串行传输 68
3.2.3 异步传输和同步传输 69
3.2.4 基带传输和频带传输 70
工作任务 3 区分多路复用技术 72
3.3.1 频分多路复用 72
3.3.2 时分多路复用 73
3.3.3 波分多路复用 73
3.3.4 码分多路复用 74
工作任务 4 比较常用数据交换技术 74
3.4.1 数据交换技术 74
3.4.2 常见的数据交换技术 74
3.4.3 三种交换技术的比较 76
工作任务 5 验证差错控制技术 77
3.5.1 产生差错的原因 77
3.5.2 差错控制编码 78
学习任务工单 认识网络设备通信参数 79
知识和技能自测 82

工作场景 4 局域网技术 84

工作任务 1 认识局域网 85
4.1.1 局域网概述 85
4.1.2 局域网协议 IEEE 802 标准 ... 86
工作任务 2 验证介质访问控制方法 88
4.2.1 CSMA/CD 的工作原理 88
4.2.2 以太网交换技术 89
工作任务 3 配置交换机 90
4.3.1 以太网交换机 90
4.3.2 交换机基础配置 91
工作任务 4 配置 VLAN 95
4.4.1 虚拟局域网 95
4.4.2 VLAN 的基本配置 97
工作任务 5 配置 WLAN 103
4.5.1 WLAN 定义 103
4.5.2 IEEE 802.11 协议标准 103
4.5.3 WLAN 组网 104

学习任务工单 构建交换型农业产业园
网络 107
知识和技能自测 109

工作场景 5 广域网配置 111

工作任务 1 认识广域网 112
5.1.1 广域网概述 112
5.1.2 PPP 协议 113
5.1.3 PPPoE 协议 114
工作任务 2 制作和测试网络通信介质 ... 116
5.2.1 常见网络通信介质 116
5.2.2 双绞线的制作 119
工作任务 3 认识路由协议 121
5.3.1 什么是路由 121
5.3.2 路由表 122
工作任务 4 路由器基本配置 123
5.4.1 首次登录路由器配置 123
5.4.2 路由器接口配置 124
工作任务 5 配置路由协议 126
5.5.1 静态路由 126
5.5.2 动态路由 131
工作任务 6 排查常见网络故障 135
5.6.1 引起网络故障的原因 135
5.6.2 排除网络故障的流程 135
5.6.3 常用网络测试命令 136
学习任务工单 构建路由型农业产业园
网络 139
知识和技能自测 141

工作场景 6 DNS 服务器配置 143

工作任务 1 认识 DNS 协议 144
6.1.1 域名空间结构 144
6.1.2 域名解析 147
工作任务 2 配置 DNS 服务器 148
6.2.1 部署需求 148
6.2.2 部署环境 148
6.2.3 项目实施 148
工作任务 3 测试与维护 DNS 服务器 155
学习任务工单 配置与管理 DNS
服务器 155

知识和技能自测 157

工作场景7　DHCP 配置 158
　　工作任务1　认识 DHCP 协议 159
　　工作任务2　配置 DHCP 服务器 159
　　　7.2.1　DHCP 服务器的安装 159
　　　7.2.2　DHCP 服务器的配置 161
　　工作任务3　测试 DHCP 服务器 164
　　学习任务工单　配置与管理 DHCP
　　　　　　　　　服务器 165
　　知识和技能自测 166

工作场景8　WWW 配置 167
　　工作任务1　认识 WWW 协议 168
　　工作任务2　配置 WWW 服务器 168
　　　8.2.1　安装 Web 服务器 168
　　　8.2.2　创建 Web 网站 170
　　工作任务3　测试与维护 WWW
　　　　　　　　服务器 173
　　学习任务工单　配置与管理 WWW
　　　　　　　　　服务器 174
　　知识和技能自测 175

工作场景9　FTP 配置 176
　　工作任务1　认识 FTP 协议 177
　　工作任务2　配置 FTP 服务器 177
　　　9.2.1　安装 FTP 服务器 177
　　　9.2.2　配置 FTP 服务器 179
　　工作任务3　测试与维护 FTP 服务器 182
　　学习任务工单　配置与管理 FTP
　　　　　　　　　服务器 183

工作场景10　网络环境安全保障 185
　　工作任务1　认识网络安全 186
　　　10.1.1　网络安全的含义和特点 186
　　　10.1.2　网络安全防范体系 187
　　　10.1.3　网络面临的安全威胁 189
　　　10.1.4　网络安全的防范措施 191

　　工作任务2　Windows 账号安全配置 192
　　　10.2.1　设置用户账户密码策略 193
　　　10.2.2　设置账户锁定策略 195
　　　10.2.3　设置用户权限 197
　　工作任务3　认识防火墙 199
　　　10.3.1　防火墙的概念和作用 199
　　　10.3.2　防火墙的类型 199
　　工作任务4　Windows 防火墙配置 200
　　　10.4.1　启用 Windows 防火墙 200
　　　10.4.2　设置本地端口访问 201
　　　10.4.3　新建 ICMP 入站规则 205
　　工作任务5　计算机病毒防护 208
　　　10.5.1　计算机病毒简介 209
　　　10.5.2　计算机病毒的分类 209
　　　10.5.3　计算机病毒的防范 210
　　学习任务工单　网络安全策略的实施 211
　　知识和技能自测 212

工作场景11　网络系统建设与运维 214
　　工作任务1　认识网络规划设计和具体
　　　　　　　　实施 215
　　　11.1.1　网络系统生命周期模型 215
　　　11.1.2　园区网分层设计模型 221
　　工作任务2　农业产业园网络系统
　　　　　　　　建设与运维 224
　　　11.2.1　用户需求分析 225
　　　11.2.2　网络系统需求分析 225
　　　11.2.3　农业产业园网络系统设计 ... 227
　　学习任务工单1　在 eNSP 上设计农业产业
　　　　　　　　　　园网络拓扑 230
　　学习任务工单2　农业产业园网络系统
　　　　　　　　　　规划 232
　　学习任务工单3　农业产业园网络系统
　　　　　　　　　　部署和测试 234
　　知识和技能自测 236

参考文献 238

工作场景 1　认识计算机网络

场景引入：

某农业产业园新入职一位网络工程技术人员，该员工负责该产业园的网络规划、实施和维护。根据网络管理工作的要求，需要该员工了解计算机网络的产生及发展趋势，熟悉计算机网络的组成和功能，了解计算机网络发展的新技术和新应用，能组建高稳定性、高可靠性和易扩展的产业园网络。

知识目标：

- 理解并掌握计算机网络的定义、功能、组成和典型的网络拓扑结构。
- 理解计算机网络的分类和应用。
- 了解计算机网络的产生与发展、新技术和新应用。

能力目标：

- 具有分析网络拓扑结构的能力。
- 具有把计算机网络的定义、功能组成等知识应用于工程实践的能力。
- 具有使用 Microsoft Visio 设计网络拓扑结构的能力。

素质目标：

- 通过了解计算机网络技术发展历史、新技术和新应用，树立正确的价值观和发展观。
- 通过学习计算机网络的定义、功能和组成等知识，树立正确的学习观。
- 通过网络规划和网络拓扑结构的设计，树立正确的实践观。

思维导图：

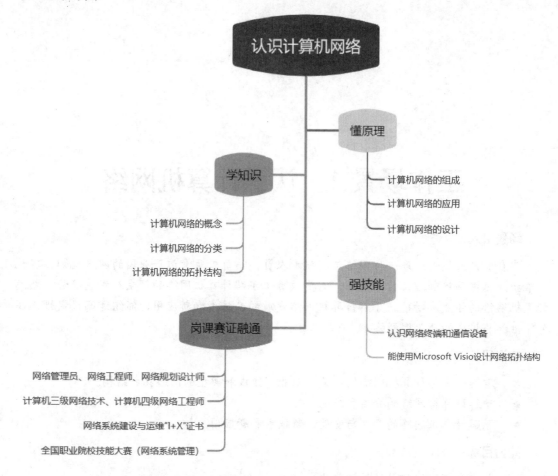

工作任务 1　回顾计算机网络的发展历史

计算机网络是计算机技术与通信技术紧密结合的产物。随着计算机技术和通信技术的发展，计算机网络经历了从简单到复杂，从低级到高级的发展过程，分为以下 4 个阶段。

1.1.1　第一代计算机网络

第一代计算机网络指的是具有通信功能的单机系统和具有通信功能的多机系统，如图 1-1 和图 1-2 所示。

早期的计算机价格昂贵、体积庞大，为满足不同地理位置的用户使用计算机的需求，20 世纪 50 年代诞生了面向终端的计算机网络。其主要特点是以单个计算机为中心的远程联机系统，利用公共电话网把多个计算机终端与计算机连接起来。面向终端的计算机网络是计算机网络的雏形，是计算机技术与通信技术相结合的产物。美国麻省理工学院林肯实验室 1951 年为美国空军设计的半自动化地面防空系统(SAGE，Semi-Automatic Ground Environment)成为面向终端的计算机网络的先驱。

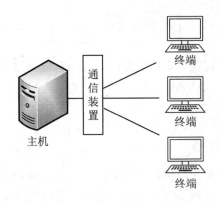

图 1-1　具有通信功能的单机系统

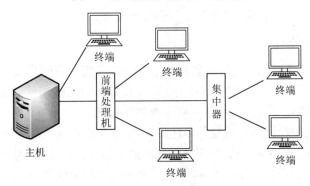

图 1-2　具有通信功能的多机系统

单机系统中的主机既要负责数据处理，又要管理与终端的通信，负担很重；一个终端单独使用一根通信线路，通信线路利用率低。

为了克服单机系统的缺点、减轻主机的负担，具有通信功能的多机系统设置了前端处理机和集中器两个设备。前端处理机主要负责主机与终端之间的通信控制，减轻主机负担；集中器主要负责连接终端密集区内的终端，减少通信线路。前端处理机与集中器之间通过高速线路相连，提高了通信效率，减少了通信费用。

第一代计算机网络并没有实现多个计算机之间的互联，因此，并不能称作真正意义上的计算机网络。

1.1.2　第二代计算机网络

第二代计算机网络以 ARPANET 为代表。受苏联发射旅伴号人造地球卫星事件的影响，1958 年美国成立了高等研究计划署，负责为军队研究最新的科学与技术。为了便于加利福尼亚州大学洛杉矶分校、加州大学圣巴巴拉分校、斯坦福大学、犹他大学之间实现资源共享，1969 年开发并运行的 ARPANET，奠定了互联网存在与发展的基础。后来，美国国家科学基金会(NSF，National Science Foundation)建立的 NSFNET 于 1990 年 6 月彻底取代了 ARPANET 而成为互联网的主干网。

ARPANET 在计算机网络的逻辑组成、数据交换技术等领域为现在的计算机网络奠定了坚实的基础，对计算机网络的发展产生了非常重要的影响，是现在互联网的先驱。

> **岗课赛证融通**
>
> 对计算机网络发展具有重要影响的是(　　)。(选自网络工程师认证考试真题)
> A．Ethernet　　　B．ARPANET　　　C．Token Ring　　　D．Token Bus

1.1.3　第三代计算机网络

第三代计算机网络指的是计算机网络技术的标准化。20 世纪 70 年代，随着微型计算机和局域网的诞生，网络技术得到了蓬勃发展，诞生了系统网络体系结构 SNA 和数字体系结构 DNA 等多个具有代表性的网络标准。不同的网络由于网络的硬件、软件和通信协议都各不兼容，难以互相连接，网络标准化工作日益受到重视。

1. 计算机网络标准化

1976 年，国际电信联盟(ITU)在加拿大 DATAPAC 公用分组网相关标准的基础上首次提出了 X.25 分组交换网。X.25 使用电话或者 ISDN 设备作为网络硬件设备来架构广域网，这是第一个公共数据网络，目前 X.25 已被帧中继网络取代。

20 世纪 80 年代初，国际标准化组织(ISO)提出了开放系统互连参考模型(OSI/RM)，目的是规定不同计算机系统之间通信时应当遵循的通信协议，由 ISO 和国际电信联盟电信标准分局 ITU-T 联合制定完成，并于 1984 年正式颁布了 OSI/RM 的国际标准 ISO 7498，即著名的 OSI/RM 七层参考模型。OSI/RM 为开放式互连信息系统提供了一种功能结构的框架，定义了开放系统的层次结构和各层所提供的服务，对服务、接口和协议这 3 个容易混淆的概念进行了区分和定义。

2. 局域网技术

20 世纪 70 年代诞生了局域网技术，随着微电子技术的发展，计算机的性能急剧提高。到了 20 世纪 80 年代，经济实惠的微型计算机的普及更进一步推动了局域网技术的发展。局域网技术解决了微型计算机彼此之间通信的问题，使计算机应用的成本进一步降低。然而，不同的局域网在性能、价格和通信协议方面各不相同，对互联网需求的增加促使了互联网技术的高速发展。

3. 互联网的基础 TCP/IP

1982 年美国军方决定以 TCP/IP 作为不同网络互联的基础，规定从 1983 年 1 月起，军方的各种网络都必须运行在 TCP/IP 协议上并彼此互联。在随后的几年中，与互联网连接的主机数几乎每年都翻一番，TCP/IP 逐步成为事实上被广泛承认的互联网国际标准。

所有的互联网标准都是以 RFC (Request For Comments)形式在互联网上发表的，但是并非所有的 RFC 文档都是互联网标准，只有很少部分的 RFC 文档最后才能变成互联网标准。制定互联网的正式标准要经过三个阶段：互联网草案、建议标准(Proposed Standard)和互联网标准(Internet Standard)。

1.1.4　第四代计算机网络

第四代计算机网络指的是全球互连的高速和智能化计算机网络。从 20 世纪 90 年代初开始，计算机网络进入了发展的第四个阶段，全球互连、高速和智能化是该阶段最重要的特点。分散在世界各地的计算机和各种网络能过 TCP/IP 连接起来，实现全球信息资源共享。

信息高速公路计划首先由美国于 1993 年提出，即"国家信息基础设施"行动计划，该计划使用数字化大容量光纤通信网络把政府机构、企业、大学、科研机构和家庭的计算机联网。随着云计算、大数据、区块链等新应用的出现，以太网传输速率快速提高到千兆甚至 10Gbps，部分国家的骨干网速率达到了 400Gbps，带宽超过 100Tbps。

智能网于 1992 年由 ITU-T 正式定义，其特点是快速、方便、灵活、经济、有效地生成和实现各种新业务的体系，目标是应用于所有的通信网络。随着时间的推移，智能网络的应用将向更高层次发展。

1.1.5　互联网在中国的发展

中国接入互联网的时间较晚，但互联网在中国获得了高速的发展。中国积极参与 IPv6、人工智能、区块链、量子科技、信息安全等计算机网络相关技术的研发和应用。中国互联网络信息中心(CNNIC)第 53 次发布的《中国互联网络发展状况统计报告》显示，截至 2018 年 12 月，中国在网民规模、电子商务规模、移动支付等多个领域达到了世界第一，互联网普及率一直在高速增长。

1. 第一个公用分组交换网

1989 年 11 月，中国基于 X.25 协议建成了第一个公用分组交换网 ChinaPAC 并投入运行。ChinaPAC 由 3 个分组节点交换机、8 个集中器和一个双机组成的网络管理中心组成。在 ChinaPAC 的基础上，中国于 1993 年 9 月建成了新的公用分组交换网，它由国家主干网和各省(自治区、直辖市)的省内网组成，实现了国内数据通信与国际的接轨，方便了金融、政府、跨国企业等客户计算机联网，提高了国内企业的综合竞争力，满足了改革开放对数据通信的需求。

2. 四大公用计算机网络

1994 年 4 月 20 日，中国使用一根 64K 的国际专线正式接入互联网，实现了中国与全世界网络的互联互通。两年之后，中国基于互联网技术建成为四大公用计算机网络，即中国公用计算机互联网(ChinaNET)、中国金桥信息网(ChinaGBN)、中国教育和科研计算机网(CERNET)和中国科学技术网(CSTNET)。

3. 智能化和更为广泛应用的中国计算机网络

2021 年 2 月中国互联网信息中心发布了第 47 次《中国互联网络发展状况统计报告》，该报告对中国计算机网络的发展趋势进行了科学的阐述，主要表现在以下几个方面。

(1) "健康码"助 9 亿人通畅出行，互联网为抗疫赋能赋智。

(2) 网民规模接近 10 亿，网络扶贫成效显著。

(3) 网络零售连续八年全球第一，有力推动消费"双循环"。

(4) 网络支付使用率近九成，数字货币试点进程全球领先。
(5) 短视频用户规模增长超 1 亿，节目质量飞跃提升。
(6) 高新技术不断突破，释放行业发展动能。
(7) 上市企业市值再创新高，集群化发展态势明显。
(8) 数字政府建设扎实推进，在线服务水平全球领先。

工作任务 2　明确计算机网络的定义与功能

计算机网络作为现代社会的一个重要组成部分，对政治、经济和文化的影响越来越深入，与人们工作、生活和学习的联系越来越紧密，其功能已经延伸到社会的各个方面。随着计算机技术和通信技术的高速发展，计算机网络技术的应用领域越来越广泛，计算机网络的内涵也在一直不断变化着，人们对计算机网络有着不同的理解。

1.2.1　计算机网络的定义

目前，计算机网络没有准确统一的定义，其中 Andrew S. Tanenbaum 教授和 Larry L. Peterson 教授分别在其著作中关于计算机网络的描述使用最为广泛。

Tanenbaum 博士站在资源共享的角度，在其 1996 年出版的 *Computer Networks(3E)* 中对计算机网络做了极为精简的定义："一些相互连接的、以共享资源为目的的、自治的计算机的集合"。

Peterson 博士则从计算机网络 3 个不同的侧面在 *Computer Network：A Systems Approach(2012)* 一书中对计算机网络进行了较为详细的定义："计算机网络是由通用的、可编程的硬件互连而成的，而这些硬件并非专门用来实现某一特定目的(例如，传送数据或视频信号)。这些可编程的硬件能够用来传送多种不同类型的数据，并能支持广泛的和日益增长的应用"。

两位计算机网络领域的专家对计算机网络的描述都指出了计算机网络的使用目的：资源共享和数据通信。因此，计算机网络的定义可以从以下 3 个方面理解。

(1) 有资源共享或数据通信需求的、相互独立的计算机。
(2) 使用通信设备和通信介质把相互独立的计算机连接起来。
(3) 在网络操作系统的管理和控制下，使用标准通信协议保障资源共享和数据通信。

1.2.2　计算机网络的功能

计算机网络最初服务于冷战和科技竞争，几十年来，计算机网络技术发展异常迅速，在政治、军事、经济、社会和科技等领域得到了极为广泛的应用，极大地促进了这些领域的快速发展。因此，计算机网络的主要功能体现在资源共享、数据通信等多个方面。

1. 资源共享

资源共享是计算机网络最重要的功能，通常情况下，共享的资源包括硬件资源、软件资源和信息资源 3 个部分。

硬件资源指的是连接在计算机网络中的各种硬件设备，在被授权(或者匿名访问)的情况下，网络用户可以很方便地使用这些硬件。例如，同一网络中的用户共享打印机、互联网公司提供的网盘存储服务器等，如图1-3和图1-4所示。

图1-3　打印机　　　　　　　　　　图1-4　百度网盘服务器

软件资源指的是各种系统软件、应用软件、工具软件、数据库管理软件等，在被授权的情况下，网络用户可以将远程主机上的软件调入本地计算机执行，也可以将数据发送至对方主机运行并返回处理结果，从而保持数据的完整性和统一性。例如华为云桌面，如图1-5所示。

图1-5　华为云桌面

信息资源的种类繁多，在计算机中以数据的形式存在，网络用户可以在任何时间以任何形式去搜索、访问、浏览及获取这些信息资源。例如网络短视频、微博等，如图1-6所示。

图1-6　哔哩哔哩短视频和新浪微博平台

2. 数据通信

组建计算机网络的主要目的就是使分布在不同地理位置的计算机用户能够相互通信。在计算机网络中，计算机与计算机之间，或计算机与终端之间可以快速、可靠地相互传递各种信息，如程序、文件、图形、图像、声音、视频等。利用计算机网络的数据通信功能，人们可以使用网络上的各种应用(也称服务)，如收发电子邮件、视频点播、视频会议、远程教学、远程医疗等。

3. 提高系统的可靠性

在某些对实时性和可靠性要求较高的场合，通过计算机网络的备份技术可以提高计算机系统的可靠性。当网络中的某台计算机出现故障时，可以立即由另一台计算机代替其完成所承担的任务。这种技术在许多领域得到广泛应用，如交通运输、工业控制、电力供应等。

4. 均衡负荷与分布式处理

当网络中某台计算机负荷过重时，通过网络和一些应用程序的管理，可以将任务传送给网络中其他计算机进行处理，以均衡工作负荷，减少网络延迟，充分发挥计算机网络中各计算机的作用，提高整个网络的工作效率。这种处理方式称为分布式处理，既方便处理大型任务，减轻计算机负荷，又提高了系统的可用性。

工作任务3 理顺计算机网络的分类

计算机网络的分类依据有多种，例如：覆盖范围、通信介质、传输技术、使用性质等，下面进行简单的介绍。

1.3.1 根据网络覆盖范围分

依据计算机网络覆盖范围的大小，可以分为局域网(LAN)、城域网(MAN)、广域网(WAN)和个人区域网(PAN)。

1. 局域网

局域网(LAN，Local Area Network)的覆盖范围在几千米范围内，通过高速的传输介质(有线、无线)连接终端和通信设备，最高带宽可以达到1000Gbps甚至1Tbps。办公室、校园、企业、园区所组建的网络是局域网的典型代表。局域网组网方便、使用灵活、采用集中式管理，是目前计算机网络中应用最为广泛，与人们关系最为密切的网络类型。家庭局域网和园区网示意图如图1-7和图1-8所示。

知识小贴士

局域网没有明显的地理分界线，可能会出现一个局域网包含一个或多个局域网的现象。例如，一个办公室的网络是一个局域网，多个办公室局域网相连组建的也是一个局域网。进一步说，整个办公楼组建的是一个局域网，集中管理的多个办公楼组建的也是一个局域网。

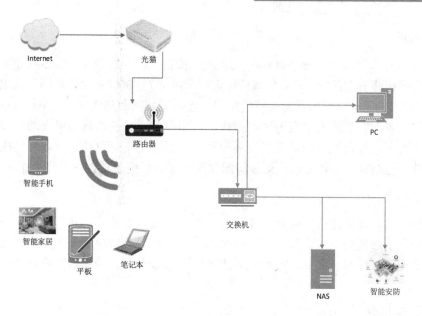

图 1-7　家庭局域网示意图

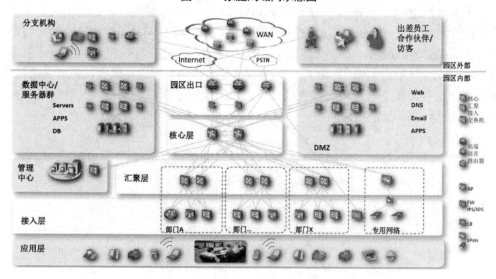

图 1-8　园区网示意图

2. 城域网

城域网(MAN，Metropolitan Area Network)一般是覆盖范围在几千米到几十千米之间地区或城市的网络，一般使用大容量光纤作为连接终端和通信设备的介质，最高传输速率可以达到1000Gbps。城域网连接的是覆盖范围内的各类局域网，一个优秀的城域网是智慧城市、智慧交通、智慧园区和智慧农业等数字化技术应用的基础。

知识小贴士

随着计算机网络和通信技术的发展，城域网和局域网的区别越来越小，有时候也把城域网合并到局域网中进行研究。

3. 广域网

广域网(WAN，Wide Area Network)的覆盖范围很大，一般使用大容量或超大容量光纤作为连接终端和通信设备的介质，最高传输速率可以达到 400Gbps。广域网用来组建一个省(自治区、直辖市)、一个国家甚至全球的网络，连接城域网和局域网。互联网(Internet)是广域网典型的代表，它是世界上发展速度最快、应用最广泛和使用规模最大的广域网。通过互联网，实现了从局部到全国甚至全世界的互联互通，用户可以通过互联网完成全球范围内的信息查询与浏览、文件传输、语音与图像通信服务、电子邮件收发等工作。

知识小贴士

在同样的数据传输速率下，传输距离和成本并不是正比关系。在保证传输距离的情况下，要控制网络组建的成本。因此，一般情况下，局域网的传输速率大于城域网，城域网的传输速率大于广域网。并且，受综合国力的限制，每个国家和地区广域网的速度差别很大。

4. 个人区域网

个人区域网(PAN，Personal Area Network)又称作个人局域网，是近几年飞速发展和应用广泛的技术，覆盖 10 米左右的范围。它由麻省理工学院(MIT)媒体实验室的托马斯·齐默尔曼(Thomas Zimmerman)首次提出，经 IBM 的阿尔马登研究实验室(Almaden Research Lab)开发。通过个人区域网，将个人 PC、智能手机、PDA、智能穿戴等设备组成通信网络，既可以用于这些设备之间互相交换数据，也可以用于连接到高层网络或互联网。个人区域网分为有线 PAN 和无线 PAN 两类。

1) 有线 PAN

有线 PAN 使用 USB、TypeC、FireWire 等接口通过线缆连接设备，如图 1-9 所示。

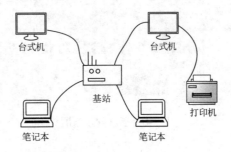

图 1-9 有线 PAN

2) 无线 PAN

无线 PAN 又称作无线个人区域网(WPAN，Wireless Personal Area Network)，通过蓝牙、红外、NFC 和超宽带等无线技术组建连接设备。无线 PAN 是发展速度最快、应用范围最广的个人区域网，例如，蓝牙耳机、智能手环(手表)、游戏手柄、VR 眼镜与智能手机连接组建的网络即是 WPAN，如图 1-10 所示。

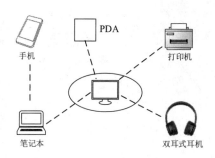

图 1-10 无线 PAN

知识小贴士

WPAN 是以个人为中心来使用的无线区域网,它实际上就是一个低功率、小范围、低速率和低价格的电缆替代技术。WPAN 大多工作在 2.4 GHz 的 ISM 频段。

而 WLAN 是为许多用户服务的无线局域网,它是一个大功率、中等范围、高速率的局域网。

1.3.2 根据网络传输介质分

连接网络设备、终端之间的通信介质分为有线通信介质和无线通信介质,根据不同的传输介质可以将计算机网络分为有线网络和无线网络。

1. 有线网络

有线网络指的是采用同轴电缆、双绞线和光纤等有线通信介质组建的网络。由于价格便宜、安装方便和较高的传输速率,双绞线是目前最常用的有线组网的传输介质。光纤具有传输距离长、传输速率高、抗干扰能力强的特点,常用于网络通信设备之间的连接。目前,同轴电缆逐渐被淘汰。

2. 无线网络

无线网络指的是采用无线电波传输数据的网络,无线网络易于安装和使用,在局域网组建领域得到了大规模的应用。但是,无线网络数据传输速率低于有线网络,并且误码率高、抗干扰能力差,极易受到网络攻击。

1.3.3 根据网络传输技术分

根据不同的网络传输技术,可以将计算机网络分为广播网络、多播网络、单播网络。

1. 广播网络

在广播(broadcast)网络中,所有的主机共享一个单一的通信信道。数据通信时,任意一个节点发送的报文会被其他所有节点接收,通过报文中的目标地址和源地址确定发送节点和接收节点。广播网络如图 1-11 所示。

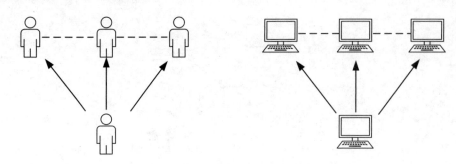

图 1-11　广播网络示意图

2. 多播网络

多播(multicast)网络又称作组播网络，目的是减少广播网络中不必要的开销，只向特定的一部分节点发送报文。多播网络的组建和数据传输过程要比广播网络复杂，网络视频会议、网络视频点播是典型的多播网络数据传输。多播网络如图 1-12 所示。

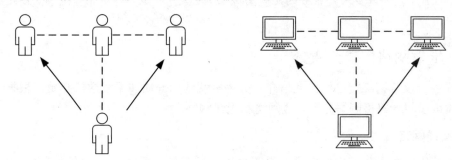

图 1-12　多播网络示意图

3. 单播网络

单播(unicast)网络又称作点对点网络，信息的接收和传递只在发送节点和接收节点之间进行。收发电子邮件、浏览网页是典型的单播网络数据传输。单播网络如图 1-13 所示。

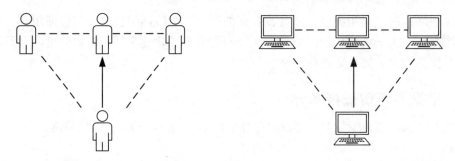

图 1-13　单播网络示意图

1.3.4　根据网络使用性质分

1. 公用网

公用网又称作公众网，由电信部门或其他企业提供通信服务的经营部门组建、管理和控制，网络内的传输和转接装置可供任何部门和个人使用。中国联通、中国移动和中国电信提供的网络即为公用网。

2. 专用网

专用网是为了满足特殊业务工作需要由特殊部门和用户组建的网络，不向本部门和用户群以外提供服务。专用网可以由部门单独组建，例如军用网络，也可以租用公用网组建，例如银行、教育等部门的内网。

1.3.5 接入网

接入网(AN，Access Network)又称作本地接入网或居民接入网，即人们通常所说的宽带接入，是一种比较特殊的计算机网络。接入网用户必须通过本地互联网服务提供商(ISP)才能接入到互联网。接入网本质还是本地 ISP 所拥有的网络，用户只是租用。接入网既不是互联网的核心部分，也不是互联网的边缘部分，其覆盖范围在几百米到几千米之间。大部分接入网属于局域网，并且，接入网只是起到让用户能够与互联网连接的"桥梁"作用。

工作任务 4　理解计算机网络的组成与拓扑结构

计算机网络由硬件和软件组成，逻辑上又分为边缘网络和核心网络。计算机网络的拓扑结构包括总线型、星型等。计算机网络的组成与拓扑结构是规划网络的重要内容。

1.4.1　计算机网络的组成

1. 计算机网络的物理组成

1) 计算机网络硬件

计算机网络硬件是数据通信的基础，主要包括通信设备、通信介质和计算机系统，它们分别负责通信信号的处理和通信数据的转发、连接网络中的通信设备和计算机系统、资源提供和使用。

2) 计算机网络软件

计算机网络软件运行在硬件之上，主要包括网络操作系统、网络通信协议软件、网络管理软件和网络应用软件，它们分别用于管理网络软、硬件资源，即提供简单网络管理的系统软件，规定计算机在网络中互通信息的规则，对网络资源进行管理以及对网络进行维护，实现网络中各种设备之间的通信，并为网络用户提供服务。

2. 计算机网络的逻辑组成

计算机网络从逻辑功能上可以分为两个部分：边缘网络和核心网络，如图 1-14 所示。

1) 边缘网络

边缘网络又称作资源子网，负责对信息进行加工和处理，包括主机、终端和外设。其中，主机可以是大型机、小型机或者微型机，是数据资源和软件资源的拥有者，通过通信介质与核心网络的节点相连；终端是直接面向用户的交互设备，如键盘、监控设备等；外设主要是网络中的一些共享设备，如打印机、摄像头等。

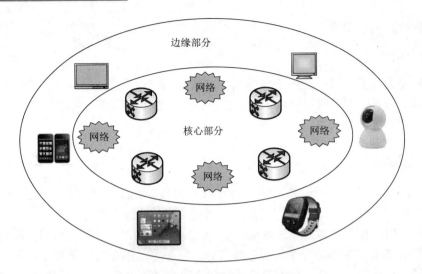

图 1-14 计算机网络逻辑组成示意图

2) 核心网络

核心网络又称作通信子网，负责计算机网络数据的交换以及信号的变换，主要包括网络节点、通信介质、信号变换设备等软硬件设施。其中，网络节点负责管理和收发本地主机和网络所交换的信息，包括交换机、路由器和信息交换的设备等；通信介质负责通信节点之间的连接，包括双绞线、同轴电缆、光导纤维、无线电波、微波；信号变换设备负责对信号进行变换以适应不同传输媒体的要求，包括调制解调器、无线通信接收与发送器、用于光纤通信的编码解码器等。

1.4.2 计算机网络拓扑结构

1. 计算机网络拓扑结构的概念

根据拓扑学中"点""线""面"的概念，把计算机网络中的主机和网络设备抽象成"点"，把连接主机、设备的通信介质抽象成"线"，由这些"点"和"线"所组成的"面"即是计算机网络拓扑结构。网络拓扑反映的是网络中各实体之间的结构关系，网络拓扑结构对整个网络设计、网络性能、系统可靠性与通信费用等有着比较重要的影响。

2. 典型网络拓扑结构

计算机网络的拓扑结构非常复杂，总体来看有以下几种典型的拓扑结构。

1) 总线型网络拓扑结构

总线型网络拓扑结构中的节点连接在同一根传输介质上，这根传输介质即是总线型拓扑结构中的"总线"。总线型网络拓扑结构示意图如图 1-15 所示。

总线型网络拓扑结构中，所有的节点连接到一条作为公共传输介质的总线上，该通信介质可以是同轴电缆、双绞线、光纤或无线电波。总线型网络拓扑结构的通信方式为广播式数据传输，一个节点发送的报文除发送节点外的其他节点都能接收到，接收到报文的节点根据目的地址决定该数据是否接收。若有多个节点同时发送数据，就会出现"冲突"，从而造成本次数据传输失败。

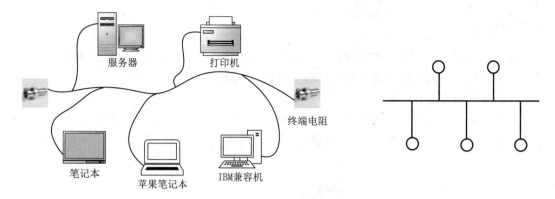

图 1-15　总线型拓扑结构

总线型拓扑结构网络的优点是：结构简单、成本低且易于布线和维护，用户入网灵活、节点或某个端用户失效不影响其他节点或端用户通信。

总线型拓扑结构网络的缺点是：一次仅能允许一个节点发送数据，传输效率比较低；为了解决多个节点同时发送数据时出现的"冲突"问题而引入的介质访问控制方法增加了节点的硬件和软件费用。

2) 星型网络拓扑结构

星型网络拓扑结构是一种集中式的从属结构，每一个节点都要使用一条点对点的专用线路与中心节点连接。星型网络拓扑结构示意图如图1-16所示。

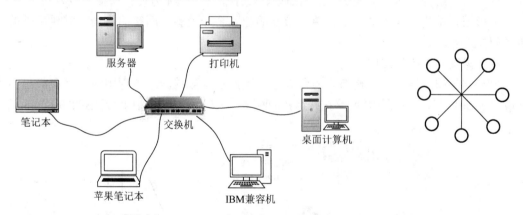

图 1-16　星型网络拓扑结构

中心节点是整个网络的通信控制中心，负责向其他节点转发数据，任何两个节点之间的通信都要通过中心节点转接。中心节点一般是集线器或者交换机。

星型拓扑结构网络的优点是：结构简单、易于布线和维护管理，单个连接点的故障只影响该节点，不会影响全网，容易检测和隔离故障，介质访问的方法简单，从而访问控制协议也十分简单。

星型拓扑结构网络的缺点是：其他节点直接与中心节点连接需要大量的电缆，中心节点发生故障会导致全网瘫痪，所以对中心节点的可靠性要求很高。

知识小贴士

由于集线器只负责数据信号的整理和放大,一个节点发送的数据其他节点都能接收到,因此,集线器组建的网络物理上是星型的,逻辑上仍然是总线型的。

3) 环型网络拓扑结构

环型网络拓扑结构是由多个节点依次相连形成的闭合环路,每一个节点仅与它左右相邻的节点连接,数据只能按一个方向传输。环形网络拓扑结构示意图如图 1-17 所示。

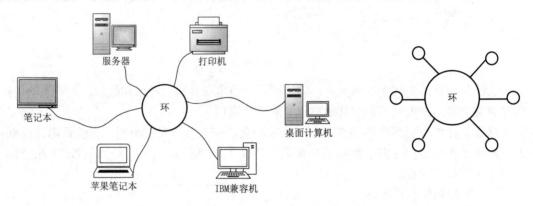

图 1-17 环型网络拓扑结构示意图

环形拓扑结构网络的优点是:组网简单、便于管理,扩充方便,增减节点容易。

环形拓扑结构网络的缺点是:单个节点的故障会导致整个网络的瘫痪,需要额外的介质访问控制方法。

4) 树型网络拓扑结构

单一的星型网络拓扑结构节点容量有限,因此在实际的网络工程中往往将多级星型网络按层次方式排列,形成树型网络拓扑结构的网络。树型网络拓扑结构示意图如图 1-18 所示。

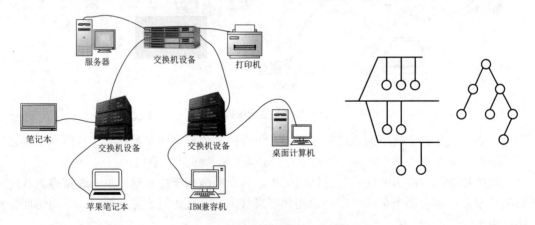

图 1-18 树型网络拓扑结构示意图

树型拓扑结构网络的优点是:易于扩展和维护,故障隔离容易。

树型拓扑结构网络的缺点是:越靠近顶端的中心节点处理能力要求越强、可靠性要求就越高,任何一个中心节点的故障都会导致全网通信故障。

5) 网状网络拓扑结构

在网状网络拓扑结构中，节点之间的连接是任意的，其示意图如图 1-19 所示。

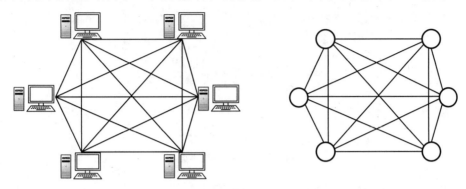

图 1-19　网状网络拓扑结构示意图

网状拓扑结构网络的优点是：可靠性高，单个节点的故障不会引起全网通信故障。
网状拓扑结构网络的缺点是：网络结构复杂，线路成本高，不易管理和维护。

岗课赛证融通

网络拓扑设计对网络的影响主要表现在(　　)。(选自网络工程师考试真题)
①网络性能　　②系统可靠性　　③出口带宽　　④网络协议
A. ①②　　　　B. ①②③　　　C. ③④　　　　D. ①②④

工作任务 5　使用 Microsoft Visio 设计网络拓扑结构

Microsoft Visio 2021 是微软公司推出的一款矢量绘图软件，用该软件可以绘制流程图、构架图、网络拓扑图等。

1.5.1　Visio 2021 软件的安装

获取 Visio 2021 安装文件后打开即可运行安装文件，进入图 1-20 所示的界面。

图 1-20　开始安装界面

软件安装过程需要等待几分钟，软件安装完毕后单击"关闭"按钮，安装结束，如

图 1-21 所示。

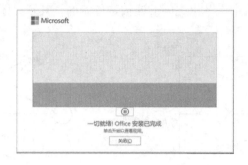

图 1-21　安装完成界面

1.5.2　使用 Visio 2021 绘制网络拓扑图

运行 Visio 2021 软件，显示如图 1-22 所示的主界面。

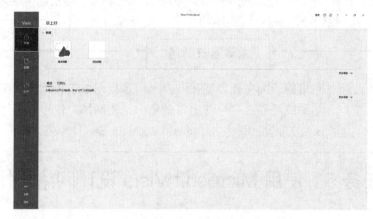

图 1-22　Visio 主界面

以选择"基本网络图"选项为例，在图 1-23 中依次选择"新建"→"网络"→"基本网络图"选项，然后单击"创建"按钮，如图 1-24 所示。

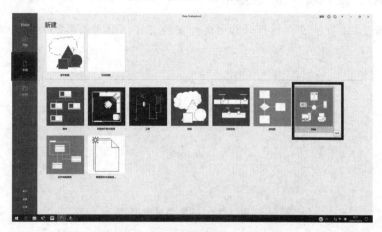

图 1-23　选择"基本网络图"选项

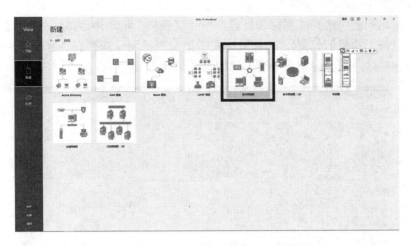

图 1-23 选择"基本网络图"选项(续)

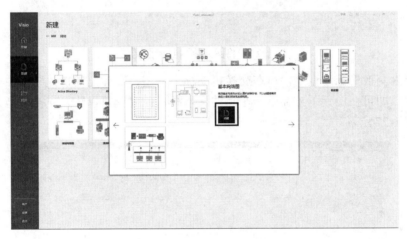

图 1-24 创建基本网络图

进入"基本网络图"绘制界面,如图 1-25 所示。

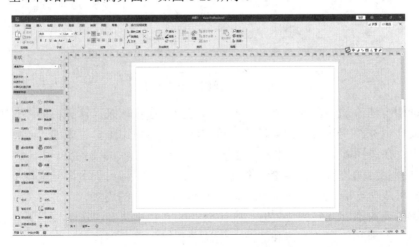

图 1-25 "基本网络图"绘制界面

在左边图元列表中选择"网络和外设"→"交换机"选项(因为交换机通常是网络的中心,首先确定好交换机的位置),按住鼠标左键把交换机图元拖到右边窗口中的相应位置,然后释放鼠标左键,就会得到一个交换机图元,如图 1-26 所示。

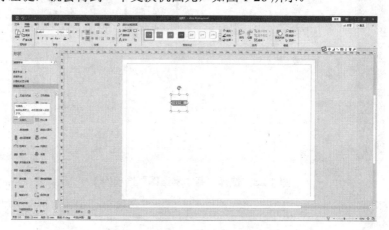

图 1-26　将图元拖放到绘图区域

如果要为交换机标注型号,可在交换机图标上右击,在弹出的快捷菜单中选择"编辑文本"命令,即可在图元下方显示一个小的文本框,此时就可以输入交换机型号或其他标注了,如图 1-27 所示。

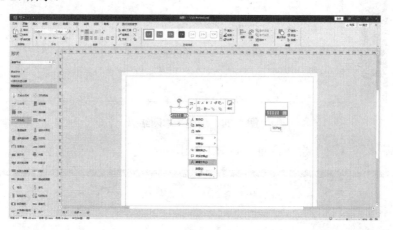

图 1-27　给图元添加标注

以同样的方法添加一台计算机,并把它与交换机连接起来。计算机的添加方法与交换机一样,在此只介绍交换机与计算机的连接方法。只需使用工具栏中的"连接线"工具进行连接即可。在选择该工具后,单击要连接的两个图元之一,此时会出现一个绿色的方框,移动鼠标选择相应的位置,把连接线拖到另一个图元上,当另一个图元出现绿色方框时释放鼠标,即可成功连接。图 1-28 所示就是交换机同计算机的连接。

在更改图元大小、方向和位置时,一定要在工具栏中选择"选取"工具,否则不会出现图元大小、方向和位置的方点和圆点,无法调整。如果要整体移动多个图元的位置,单击"自动对齐和自动调整间距"按钮可对图元进行对齐和间距调整。可同时调整图表中的所有图元,也可选择单一图元对其进行调整。如果要删除连接线,只需选取相应的连接线,然后按 Delete 键即可。选择"文件"→"保存"命令,可将绘制的拓扑图进行保存操作。

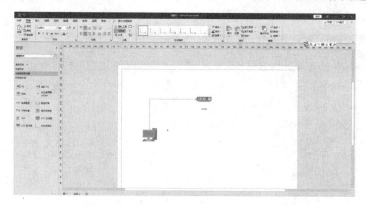

图 1-28　图元之间的连接

1.5.3　使用 Visio 2021 绘制网络机架图

运行 Visio 2021 软件,在图 1-29 中单击"新建"按钮。

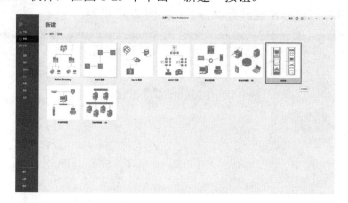

图 1-29　新建网络模型

在"新建"界面中,选择"机架图"选项在单击"创建"按钮,如图 1-30 所示。

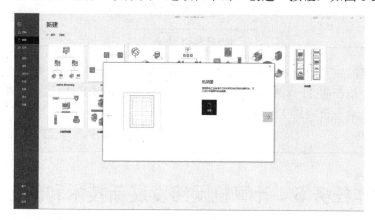

图 1-30　创建机架

单击左侧的机架形状图标，将其拖动到右侧的画布上，上下拖动机架可调节机架层数，如图 1-31 所示。

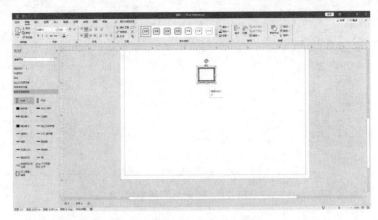

图 1-31 添加机架

可以将左侧需要的图形拖动到右侧的机架上，注意当连接点对齐的时候，会出现绿点提示，这样就可以释放鼠标左键放置设备了，如图 1-32 所示。

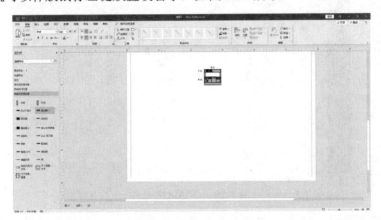

图 1-32 将设备放入机架

岗课赛证融通

假设网络的生产管理系统采用 B/S 工作方式，经常上网的用户数为 100 个，每个用户每分钟平均产生 11 个事务，平均事务量大小为 0.06MB，则这个系统需要的传输速率为(   )。(选自网络工程师考试真题)

A. 5.28Mb/s   B. 8.8Mb/s   C. 66Mb/s   D. 528Mb/s

工作任务 6 计算机网络发展新技术和新应用

随着计算机和通信技术的发展，计算机网络技术也得到了飞速的发展，计算机网络的概念、结构和网络设计方面都发生了根本性的变化。目前，基于计算机网络基础上的物联网、5G 通信、云计算、大数据、区块链、人工智能等新兴技术的应用使计算机网络成为信息技术领域最重要的基础设施。

1.6.1 物联网

1. 物联网概念

物联网(IoT，Internet of Things)是指利用射频识别(RFID)系统、传感器、全球定位系统(GPS)、激光扫描器等信息传感设备，按约定的协议把任何物体与互联网相连接进行信息交换和通信，以实现对物体的智能化识别、定位、跟踪、监控和管理的一种网络。物联网的基础仍然是互联网，是在互联网的基础上延伸和扩展的网络，其用户终端延伸和扩展到了任意物体，使任意物体之间都可以进行信息交换和通信。

2011 年物联网列入"十二五"国家重点专项规划。2021 年 9 月 10 日，工业和信息化部等八部门联合印发的《物联网新型基础设施建设三年行动计划(2021—2023 年)》(以下简称《行动计划》)指出：到 2023 年年底，在国内主要城市初步建成物联网新型基础设施，物联网连接数突破 20 亿。业内人士表示，《行动计划》为物联网产业发展注入了"强心剂"，随着相关政策和技术的不断完善，中国物联网产业有望实现持续、高效、有序发展。

2. 物联网体系结构

物联网的体系结构包括感知层、网络层和应用层，如图 1-33 所示。

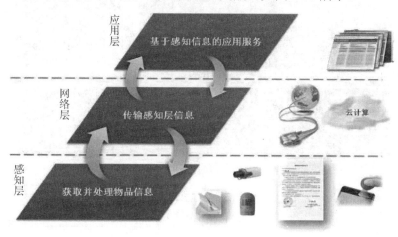

图 1-33　物联网的 3 层结构模型

感知层利用 RFID、传感器、摄像头、全球定位系统等传感技术和设备，随时随地获取物体的属性信息并传输给网络层。网络层通过各种网络，将物体的信息实时、准确地传递给应用层。应用层有一个信息处理中心，用来处理从感知层得到的信息，以实现物体的智能化识别、定位、跟踪、监控和管理等实际应用。物联网的 3 层结构体现了物联网的基本特征，即全面感知、可靠传递和智能处理。

作为一种新兴技术，物联网的应用正在迅速向各个领域延伸，从家居、医疗、物流、交通、零售、金融、工业到农业，物联网的应用无处不在，如图 1-34 所示。

图 1-34　物联网的典型应用领域

1.6.2　5G 网络

5G 网络是第五代移动电话行动通信标准，是一种更高速率、更大带宽、更强能力的移动通信技术，也是一个多业务、多技术融合的通信网络，更是面向业务应用和以用户体验为中心的信息生态系统。5G 网络已于 2019 年在我国正式商用，推动了智慧城市、自动驾驶、远程医疗和远程教育等进一步发展。根据 GSMA 报告，2025 年中国超过半数的移动连接将使用 5G 网络。5G 网络的典型应用场景如图 1-35 所示。

图 1-35　5G 网络的典型应用场景

1.6.3　云计算

云计算(Cloud Computing)是分布式计算的一种，分为公有云、私有云和混合云 3 类。云计算通过网络"云"将巨大的数据计算处理程序分解成无数个小程序，然后，通过多台服务器组成的系统进行处理和分析，并将这些小程序得到的结果返回给用户。目前，云服务已经不单单是一种分布式计算，而是分布式计算、效用计算、负载均衡、并行计算、网络存储、热备份冗余和虚拟化等计算机技术混合演进并跃升的结果。通过这项技术，可以在很短的时间内(几秒钟)完成对数以万计的数据处理，从而完成海量的网络服务。云计算在存储、医疗、教育、金融等领域的应用十分广泛，并逐步与大数据、人工智能、区块链和物联网等相结合，显示出强大的活力和创造力。云计算应用领域如图 1-36 所示。

图 1-36　云计算应用领域

1.6.4　区块链

区块链是多个数据区块按照各自产生的时间顺序组成的链条，每一个数据区块中保存了一定的信息，这个链条被保存在所有的服务器中，只要整个系统中有一台服务器可以工作，整个区块链就是安全的。这些服务器在区块链系统中被称为节点，它们为整个区块链系统提供存储空间和算力支持。如果要修改区块链中的信息，必须征得半数以上节点的同意才能修改，而这些节点通常掌握在不同的主体手中，因此修改区块链中的信息是一件极其困难的事。相对于传统的网络，区块链具有两大核心特点：数据难以修改和去中心化。基于这两个特点，区块链所记录的信息更加真实可靠，可以帮助解决人们互不信任的问题。

区块链分为公有区块链、联合(行业)区块链和私有区块链，在金融、物联网、物流、公共服务、数字版权、保险和公益等领域得到了越来越广泛的应用。区块链应用生态圈如图 1-37 所示。

图 1-37　区块链应用生态圈

1.6.5　元宇宙

元宇宙(Metaverse) 由 Meta 和 Verse 两个单词组成，其中，Meta 表示超越，Verse 表示

宇宙(universe)，合起来即为"超越宇宙"。该词起源于美国著名幻想文学作家 Stephenson 的科幻作品 *Snow Crach*。元宇宙是由 AR、VR 和 3D 等技术支持的虚拟网络世界，是在扩展现实(XR)、区块链、云计算和数字孪生等新技术下的概念具化，是一个平行于现实世界运行的人造空间，是互联网的下一个阶段。

清华大学沈阳教授认为，"元宇宙是整合多种新技术而产生的新型虚实相融的互联网应用和社会形态，它基于扩展现实技术提供沉浸式体验，以及数字孪生技术生成现实世界的镜像，通过区块链技术搭建经济体系，将虚拟世界与现实世界在经济系统、社交系统、身份系统上密切融合，并且允许每个用户进行内容生产和编辑。"可以从以下四个方面来理解元宇宙的概念。

(1) 时空性。元宇宙是一个空间维度上虚拟而时间维度上真实的数字世界。
(2) 真实性。元宇宙中既有现实世界的数字化复制物，也有虚拟世界的创造物。
(3) 独立性。元宇宙是一个与外部真实世界既紧密相连，又高度独立的平行空间。
(4) 连接性。元宇宙是一个把网络、硬件终端和用户囊括进来的一个永续的、广覆盖的虚拟现实系统。

构成元宇宙的 8 个核心如图 1-38 所示。

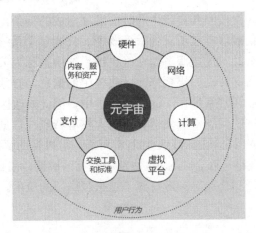

图 1-38　构成元宇宙的 8 个核心

学习任务工单　使用 Microsoft Visio 设计网络拓扑

姓名		学号		专业	
班级		地点		日期	
成员					

1. 工作要求

(1) 了解 Visio 的功能、安装和工作环境。
(2) 熟悉 Visio 基本操作方面的知识。
(3) 掌握应用 Visio 绘制网络拓扑图的基本操作。
(4) 掌握应用 Visio 绘制网络机架图的基本操作。

2. 任务描述

农业产业园要对种植区内的网络进行升级,需要对目前的种植区网络结构及机柜结构进行设计,便于网络工程人员能够了解种植区的网络结构。农业产业园种植区网络拓扑结构如图1-39所示。

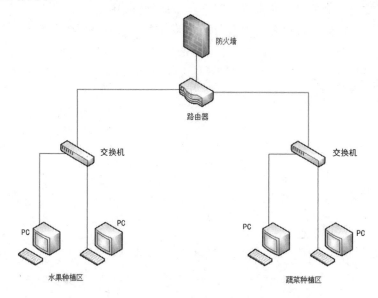

图1-39　农业产业园种植区网络拓扑结构

农业产业园种植区网络机架结构如图1-40所示。

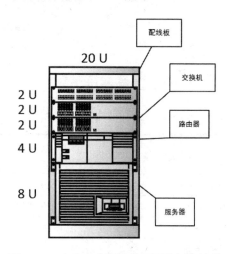

图1-40　农业产业园种植区网络机架结构

3. 任务步骤

步骤1:运行Visio 2021软件,选择"基本网络图"→3D选项来设计农业产业园种植区网络拓扑图。

步骤2:选择交换机、路由器、防火墙等网络设备和终端。

步骤3:使用"连接线"工具,连接网络设备。

步骤4：添加相关注释。
步骤5：保存网络拓扑图，命名为"农业产业园种植区网络拓扑图"。
步骤6：新建项目，选择"机架图"选项来设计农业产业园种植区网络机架图。
步骤7：选择20U机架。
步骤8：把配线板、交换机、路由器、服务器添加到机架中。
步骤9：保存网络机架图，命名为"农业产业园种植区网络机架图"。

4. 讨论评价

(1) 任务中的问题：

(2) 任务中的收获：

教师审阅：

学生签名：
日　　期：

工单评价

国家综合布线工程验收规范制定工单评价标准(GB 50312—2007)

考核项目	考核内容	操作评价	
		满分	得分
Visio的安装	成功安装Visio	20	
使用Visio描述农业产业园种植区网络拓扑图	新建基本网络图	10	
	正确选取网络设备	10	
	绘制网络拓扑图	10	
	保存网络拓扑图	10	
使用Visio绘制农业产业园种植区机架图	新建网络机架图	10	
	绘制8U网络机架图	10	
	准确放入网络设备	10	
	保存网络机架图	10	
合计			

知识和技能自测

| 学号： | 姓名： | 班级： | 日期： | 成绩： |

一、选择题

1. 计算机网络最本质的功能是(　　)。
   A. 数据通信　　　　　　　　　　B. 资源共享
   C. 提高计算机的可靠性和可用性　　D. 分布式处理
2. Internet 是一种(　　)结构的网络。
   A. 星型　　　　B. 环型　　　　C. 树型　　　　D. 网状
3. 系统可靠性最高的网络拓扑结构是(　　)。
   A. 总线型　　　B. 网状　　　　C. 星型　　　　D. 树型
4. Internet 是由(　　)发展而来的。
   A. 局域网　　　B. ARPANET　　C. 标准网　　　D. WAN
5. 通信系统必须具备的三个基本要素是(　　)。
   A. 终端、电缆、计算机
   B. 信号发生器、通信线路、信号接收设备
   C. 信源、通信媒体、信宿
   D. 终端、通信设施、接收设备
6. 若网络形状是由站点和连接站点的链路组成一个闭合环，则称这种拓扑结构为(　　)。
   A. 星型拓扑　　B. 总线拓扑　　C. 环型拓扑　　D. 树型拓扑
7. 在计算机网络中，所有的计算机均连接到一条通信传输线路上，在线路两端连有防止信号反射的装置。这种连接结构被称为(　　)。
   A. 总线结构　　B. 环型结构　　C. 星型结构　　D. 网状结构

二、填空题

1. 从计算机网络系统组成的角度看，计算机网络可以分为_____和_____。
2. 世界上最早投入运行的计算机网络是_____，也是对现在的互联网影响最大的网络，第一次提出了资源共享的观点。
3. 按网络的跨度(覆盖范围)分类，计算机网络可以分为_____、_____和_____。
4. 建立计算机网络的目的是_____。

三、简述题

1. 简述计算机网络的定义。
2. 简述计算机网络的逻辑组成。
3. 为什么说单集线器组建的网络物理上是星型的，逻辑上是总线型的？
4. 简述计算机网络的发展趋势。

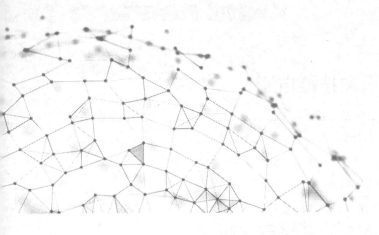

工作场景 2 IP 规划

场景引入：

某农业产业园新入职一位网络工程技术人员，该员工负责该产业园的网络规划、实施和维护。根据网络管理工作的要求，需要该员工掌握网络体系结构。其中，IP 地址是网络通信的基础，是网络中节点及设备的标识，也是农业产业园中设备进行互联通信的必要前提，农业产业园的数字化运维离不开 IP 地址的规划。

知识目标：

- 认识计算机网络体系结构。
- 理解并掌握规划 IP 地址的方法。
- 理解并掌握安装与使用 Wireshark。
- 理解并掌握常用的 TCP/IP 协议。
- 理解并掌握 IPv6 新技术。

能力目标：

- 掌握规划 IP 地址的方法。
- 掌握 IP 协议分析方法。
- 掌握 ARP 和 RARP 协议分析方法。
- 掌握 ICMP 协议分析方法。
- 掌握 TCP 和 UDP 协议分析方法。
- 掌握 IPv6 新技术应用。

素质目标：

- 通过理解网络体系结构，养成独立思考的学习习惯，在实践中敢于创新、善于创新。
- 通过农业产业园 IP 地址规划，提升乡村振兴国家战略认同感，树立正确的价值观。

思维导图：

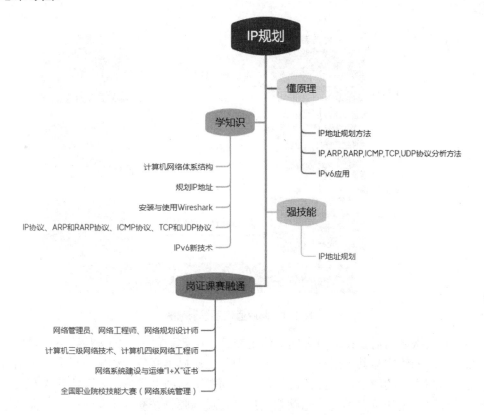

工作任务 1　认识计算机网络体系结构

2.1.1　网络体系结构的基本概念

网络模型使用分层来简化网络的功能。它采用了层次化结构的方法来描述复杂的网络系统，将复杂的网络问题分解成许多较小的、界限比较清晰而又简单的部分来处理。

网络体系结构定义和描述了一组用于计算机及其通信设施之间互连的标准和规范，遵循这组规范可以方便地实现计算机之间的通信。

1. 协议的基本概念

在计算机网络中用于规定信息的格式以及如何发送和接收信息的一套规则称为协议。

事实上，人与人之间的交流所使用的规则(协议)无处不在。下面以图 2-1 所示的邮政通信系统为例说明。

邮政通信系统实际上分为用户子系统、邮政子系统和运输子系统三层业务。

同层之间按照同一约定处理业务。在用户子系统中，发信者必须遵守一定的规则书写信件的内容，比如使用中文书写的信件，收信人则必须遵守相同的中文阅读规则，否则不可能理解信件的内容；在邮政子系统中，发送方邮政人员需要按照邮政业务规范收集信件、加盖邮戳、分拣信件，而接收方邮政人员同样需要按照邮局业务规范进行分拣信件和分发邮件；各个运输部门之间需要按照自己的行规选择运输路线、使用各种运输工具传送邮件包。

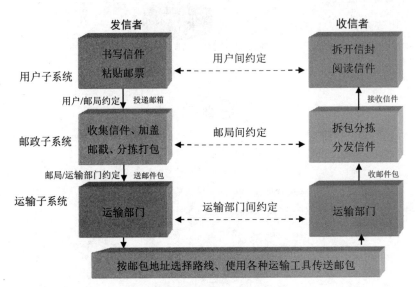

图 2-1　邮政通信系统示意图

不同的层次之间需要按双方之间的约定交接。邮政通信系统的上层给下层提出要求，并按照相邻层的约定与其下层交接，下层则为其上层提供服务。如用户层中的发信者需要遵守用户与邮局间的约定，按照国内信件信封的书写标准书写信封，即收信人和发信人的地址必须按照一定的位置书写，粘贴邮票后，投递到邮箱转交其下层——邮局业务层，实现了两层之间的交接。邮局则需要按照邮局与运输部门之间的约定将信件打包，书写正确的目的地址后转交其下层——运输部门。运输部门根据发送方邮局的要求将邮件包运输到接收方所在地的运输部门，后者再按照邮局与运输部门之间的约定转交目的邮局。目的邮局按照与上层用户的约定将信件送给收信者，完成信件的投递业务。

与邮政通信系统类似，计算机之间能够相互通信，也必须有一套通信管理机制使得通信双方能正确地接收信息，并能理解对方所传输信息的含义。也就是说，当用户应用程序、文件传输等互相通信时，他们必须事先约定一种规则即协议，这与互通信件双方的中文约定相类似。

在计算机网络系统中，每个节点都必须遵守一些事先约定好的通信协议进行通信。

网络协议是由语法、语义和时序三部分组成。

(1) 语法：规定数据与控制信息的结构和格式。

(2) 语义：指定通信双方需要发出何种控制信息、完成何种动作以及做出何种应答。

(3) 时序：对事件实现顺序的详细说明。

由于网络协议设计的复杂性，网络的通信规则不是一个网络协议就能描述清楚的。协议的设计者并不是设计一个单一、巨大的协议来为所有形式的通信规定完整的细节，而是把复杂的通信问题按一定层次划分为许多相对独立的子功能，然后为每一个子功能设计一个单独的协议，即每层对应一个协议。因此，在计算机网络中存在多种协议，每一种协议都有其设计目标和需要解决的问题，同时，每一种协议也有其优点和使用限制。这样做的主要目的是使协议的设计、分析和测试简单化,也易于实现。

2. 网络的层次结构

如同将邮政通信系统划分为通信者活动、邮局业务和运输部门业务三层业务一样,人们对网络同样进行了层次划分,也就是说将计算机网络这个庞大的、复杂的问题划分成若干较小的、简单的问题。

通常把一组功能相似或紧密相关的模块放置在同一层,层与层之间应保持松散的耦合,使信息在层与层之间的流动减到最少。

1) 几个概念

(1) 实体:实体是通信时能发送和接收信息的任何软硬件设施。在网络分层体系结构中,每一层都由一些实体组成。

(2) 接口:分层结构中各相邻层之间要有一个接口,它定义了低层向其相邻的高层提供的原始操作和服务。相邻层通过它们之间的接口交换信息,高层并不需要知道低层是如何实现的,仅需要知道该层通过层间的接口所提供的服务,这样使得两层之间保持了功能的独立性。

2) 层次结构的特点

(1) 按照结构化设计方法,计算机网络将其功能划分为若干层次,较高层次建立在较低层次的基础上,并为其更高层次提供必要的服务功能。

(2) 网络中的每一层都起到隔离作用,使得低层功能具体实现方法的变更不会影响到高层所执行的功能,即低层对于高层而言是透明的。

3) 层次结构的优越性

(1) 层之间相互独立。高层并不需要知道低层是如何实现的,而仅需要知道该层通过层间的接口所提供的服务。各层都可以采用最合适的技术来实现,各层实现技术的改变不影响其他层。

(2) 灵活性好。任何一层发生变化时,只要接口保持不变,则这层及其以下各层均不受影响。若某层提供的服务不再需要时,还可将这层取消。

(3) 易于实现和维护。整个系统已被分解为若干易于处理的部分,这种结构使得一个庞大而又复杂系统的实现和维护变得容易控制。

(4) 有利于网络标准化。因为每一层的功能和所提供的服务都已有了精确的说明,所以标准化变得较为容易。

2.1.2 OSI 参考模型

在 20 世纪 80 年代末到 90 年代初,网络的规模和数量都得到了迅猛的增长,但是许多网络都是基于不同的硬件和软件而实现的,这使得它们之间互不兼容。显然,在使用不同标准的网络之间是很难实现其通信的。为了解决这个问题,国际标准化组织(International Organization for Standardization,ISO)研究了许多网络方案,认识到需要建立一种有助于网络的建设者们实现网络、并用于通信和协同工作的网络模型,因此在 1984 年公布了开放式系统互连参考模型,称为 OSI/RM(Open System Interconnect Reference Model)参考模型,简称为 OSI 参考模型。

1. OSI 参考模型的结构

OSI 参考模型是一个描述网络层次结构的模型，其标准保证了各种类型网络技术的兼容性和互操作性。OSI 参考模型说明了信息在网络中的传输过程，各层在网络中的功能和它们的架构。

OSI 参考模型描述了信息或数据通过网络，是如何从一台计算机的一个应用程序被逐层传送最终到达网络中另一台计算机的一个应用程序的。

在 OSI 参考模型中，计算机之间传送信息的问题被分为 7 个较小且更容易管理和解决的小问题。每一个小问题都由模型中的一层来解决。将这 7 个易于管理和解决的小问题映射为不同的网络功能称为分层。OSI 将这七层从低到高叫作物理层、数据链路层、网络层、传输层、会话层、表示层和应用层。图 2-2 所示为 OSI 的七层结构。

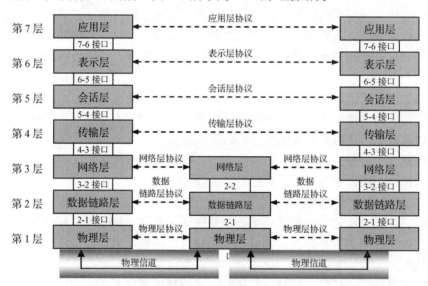

图 2-2　OSI 参考模型

2. OSI 参考模型的几个概念

(1) 层：开放系统的逻辑划分，代表功能上相对独立的一个子系统。

(2) 对等层：指不同开放系统的相同层次。

(3) 层功能：本层具有的通信能力，它由标准来指定。

(4) 层服务：本层向上一相邻的层提供的通信能力。根据 OSI 增值服务的原则，本层服务应是其所有下层服务与本层功能的总和。

3. OSI 参考模型划分的原则

(1) 网络中各节点都有相同的层次。

(2) 不同节点的对等层具有相同的层功能。

(3) 同一节点内相邻层之间通过接口通信。

(4) 每一层使用下层提供的服务，并向其上层提供服务。

(5) 不同节点的对等层按照自己层的协议实现对等层之间的通信。

从图 2-2 可以看出，虽然通信流程垂直通过各层次，但每一层都在逻辑上能够直接与远程计算机系统的对等层使用本层协议直接通信。

OSI 参考模型并非指一个现实的网络，它仅仅规定了每一层的功能，为网络设计规划了一张蓝图。各个网络设备或软件生产厂家都可以按照这张蓝图来设计和生产自己的网络设备或软件。尽管设计和生产出来的网络产品的式样、外观各不相同，但它们都具有相同的功能。

4. OSI 各层的主要功能

OSI 各层的主要功能如图 2-3 所示。

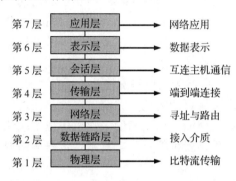

图 2-3 OSI 参考模型各层的主要功能

1) 物理层(Physical layer)

物理层的主要功能是利用物理传输介质为数据链路层提供物理连接，起到数据链路层与物理传输介质之间的逻辑接口作用，提供建立、维护和释放物理连接的方法，以便在物理信道上透明地传送比特(Bit)流。

物理层处于 OSI 参考模型的最低层，涉及通信在信道上传输的原始比特流。设计上必须保证一方发出二进制"1"时，另一方收到的也是"1"而不是"0"。这里典型的问题是用多少伏特电压表示"1"，多少伏特电压表示"0"；一个比特持续多少微秒；传输是否在两个方向上同时进行；最初的连接如何建立和完成，通信后连接如何终止；网络接插件有多少针，以及各针的用途。

物理层定义了激活、维护和关闭终端用户之间的电气、机械、规程和功能特性。物理层的特性包括电压、频率、数据传输速率、最大传输距离、物理连接器及其相关的属性，其主要内容如下。

(1) 通信接口与传输媒体的物理特性：物理层协议主要规定了计算机或终端 DTE 与通信设备 DCE 之间的接口标准，包括接口的机械特性、电气特性、功能特性和规程特性。

(2) 物理层的数据交换单元为二进制比特：对数据链路层的数据进行调制或编码，使其成为传输信号(模拟数字或光信号)。

(3) 比特的同步：时钟的同步，如异步/同步传输。

(4) 线路的连接：点对点(专用链路)，多点(共享一条链路)。

(5) 物理拓扑结构：星型、环型和网状。

(6) 传输方式：单工、半双工和全双工。

典型的物理层协议有 RS-232 系列、RS449、V.24、V.28、X.20、X.21 等。

2) 数据链路层(Data link layer)

在物理层提供比特流传输服务的基础上，数据链路层通过在通信的实体之间建立数据链路连接，传送以帧(Frame)为单位的数据，使有差错的物理线路变成无差错的数据链路，保证点到点(point-to-point)可靠的数据传输。

数据链路层使用介质访问控制(MAC)地址，也称物理地址。

数据链路层关心的主要问题是物理地址及寻址、网络拓扑、线路规程、差错控制、数据帧的有序传输和流量控制。就主要解决问题说明如下。

发送方把输入数据分装在数据帧(data frame)里(典型的帧为几百字节或几千字节)，按顺序传送各帧，并处理接收方回送的确认帧(acknowledge frame)。因为物理层仅仅接收和传送比特流，并不关心它的意义和结构，所以只能依赖数据链路层来产生和识别帧边界。可以通过在帧的前面和后面加上特殊的二进制编码模式来达到识别帧边界的目的。如果这些二进制编码偶然在数据中出现，则必须采取特殊措施以避免混淆。

传输线路上突发的噪声干扰可能会把帧完全破坏掉。在这种情况下，发送方机器上的数据链路软件必须重传该帧。然而，相同帧的多次重传也可能让接收方收到重复帧，比如接收方给发送方的确认丢失后，就可能收到重复帧。数据链路层需要解决由于帧的破坏、丢失和重复所出现的问题。

数据链路层要解决的另一个问题(在大多数层上也存在)是防止高速发送方的数据把低速的接收方"淹没"。因此需要有某种流量调节机制，使发送方知道当前接收方还有多少缓存空间。通常流量调节和出错处理同时完成。

如果线路能用于双向传输数据，数据链路软件还必须解决新的麻烦，即从 A 到 B 数据帧的确认将与从 B 到 A 的数据帧竞争线路的使用权。借道(piggybacking)就是一种巧妙的方法。

另外，广播式网络在数据链路层还要处理新的问题，即如何控制对共享信道的访问，数据链路层的一个特殊的子层——介质访问子层，就是专门处理这个问题的。

3) 网络层(Network layer)

网络层通过标识终端点的逻辑地址定义端到端的分组(Packet)传送，从而决定分组从一个节点到另一个节点的最佳路径。

网络层的任务包括以下 4 个方面。

(1) 将逐段的数据链路组织起来，通过复用物理链路，为分组提供逻辑通道(虚电路或数据报)，建立主机到主机间的网络连接。

(2) 提供路由。

(3) 网络连接与重置，报告不可恢复的错误。

(4) 流量控制及阻塞控制。

由于网络层提供主机间的数据传输，所以网络层数据的传输通道是逻辑通道(虚电路)。此时逻辑通道号被称为网络地址。网络层的信息传输单位是分组(Packet)。

在广播网络中，选择路由问题很简单。因此网络层很弱，甚至不存在。

4) 传输层(Transport layer)

传输层提供端到端的流量控制、窗口操作和纠错功能，并负责数据流的分段和重组。

它的主要目的是向用户提供无差错可靠的端到端(end-to-end)服务，负责分配一个端口号，用来透明地传送报文(Message)给上层。它向高层屏蔽了下层数据通信的细节，是计算机通信体系结构中最关键的一层。

传输层关心的主要问题是建立、维护和中断虚电路、传输差错校验和恢复以及信息流量控制机制等。

传输层可以被看作高层协议与下层协议之间的边界：其下四层与数据传输问题有关，其上三层与应用问题有关。

5) 会话层(Session layer)

会话层负责建立、维护和管理应用程序进程之间的会话，这种会话关系是由两个或多个表示层实体之间的对话构成的。

6) 表示层(Presentation layer)

表示层提供数据表示和编码格式以及数据传输语法的协商。它确保应用程序能使用从网络送达的数据，并且应用程序发送的信息能在网络上传送。它包括数据格式变换、数据加密与解密、数据压缩与恢复等功能。

7) 应用层(Application layer)

应用层是 OSI 参考模型中最靠近用户的一层，它为用户的应用程序提供网络服务。例如，字处理应用程序使用这一层的文件传输服务。

常用的网络服务有文件服务、电子邮件服务、打印服务、目录服务、网络管理服务、安全服务、路由互连服务、数据库服务等。网络服务由相应的应用协议来实现。

5. 数据的封装与传递

事实上，数据封装和解封装的过程与通过邮局发送信件的过程是相似的。当需要发送信件时，首先需要将写好的信纸放入信封中，然后按照一定的格式书写收信人姓名、收信人地址及发信人地址，这个过程就是一种封装的过程。当收信人收到信件后，要将信封拆开，取出信纸，这就是解封的过程。在信件通过邮局传递的过程中，邮局的工作人员仅需要识别和理解信封上的内容，对于信纸上书写的内容，他不可能也没必要知道。

在 OSI 参考模型中，对等层之间经常需要交换信息单元，即协议数据单元(PDU, Protocol Data Unit)。在网络中，对等层之间通过 PDU 可以相互理解对方信息的具体含义，如节点 B 的网络层收到节点 A 的网络层的 PDU 时，可以理解该 PDU 的信息并知道如何处理这些信息。如果不是对等层，双方的信息就不可能也没必要相互理解。

1) 数据封装

为了实现对等层之间的通信，当数据需要通过网络从一个节点传送到另一节点时，必须在数据的头部和尾部加入特定的协议头和协议尾，以执行本层的功能。这种增加数据头部和尾部的过程称为数据打包或数据封装。也就是说，协议头和数据的概念是相对的，这取决于对当前信息进行分析的层。

图 2-4 给出了计算机 A 的进程 PA 将所处理数据传输到计算机 B 的进程 PB 的过程。

在节点 A 中，进程 PA 的应用层为要传输的数据加上包含了完成本层功能要求的信息报头 AH(协议头)，封装成应用层的 PDU，然后将该 PDU 传输给表示层。

表示层向应用层提供服务。在接到应用层的 PDU 后，表示层把应用层的 PDU 作为本层数据，再加上包含了完成本层功能要求的信息报头 PH，封装成表示层的 PDU，然后将该

PDU 传输给会话层。

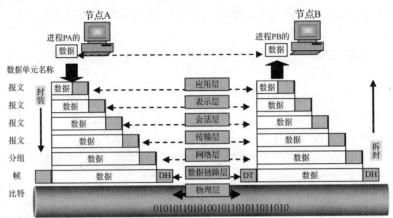

图 2-4　数据的封装与传递

会话层向表示层提供服务。会话层接到表示层的 PDU 后，将表示层的 PDU 作为本层数据，再加上包含了完成本层功能要求的信息报头 SH，封装成会话层的 PDU，然后将该 PDU 传输给传输层。

传输层向会话层提供服务。传输层接收到会话层的 PDU 后，将会话层的 PDU 作为本层数据，再加上包含了完成本层功能要求的信息报头 TH，该报头包含了端口号等，然后封装成传输层的 PDU——报文，再将该报文传输给网络层。

网络层向传输层提供服务。网络层接到传输层的报文后，将该报文作为本层数据，再加上本层报头 NH，报头 NH 包含了完成传输所要求的信息，例如逻辑源地址和目的逻辑地址等，封装成网络层的 PDU——分组，然后将该分组传输给数据链路层。

数据链路层向网络层提供服务。数据链路层接到网络层的分组后，将该分组作为本层数据，在其头部和尾部加入特定的协议头 DH 和协议尾 DT，即完成数据链路层功能的控制信息，把物理地址等封装成数据链路层的 PDU——帧，然后将该帧传输给物理层。

物理层向数据链路层提供服务。物理层接到数据链路层的帧后，将其转换为能在传输介质上传输的光或电信号(二进制数 0 或 1)，通过传输介质传输。

经过以上各层的数据封装过程，节点 A 最终将其应用进程 PA 的数据信息转变成能够在传输介质上传输的比特流，也就是二进制编码，并通过物理传输介质将该比特流传送到节点 B。

2) 数据拆包

在数据到达接收节点的对等层后，接收方将反向识别完成协议要求的功能，再除去发送方对等层所增加的数据头部和尾部。这种去除数据头部和尾部的过程叫作数据拆包或数据解封。

如图 2-4 所示，节点 B 的数据链路层将其从物理层上接收到的比特流，按照对等层协议相同的原则完成本层功能，依照数据链路层的相关协议(协议头 DH 和协议尾 DT)的要求，重组为数据链路层的帧。在传给网络层之前，再去除发送方对等层——数据链路层增加的协议头 DH 和协议尾 DT，还原为该层的数据即网络层的分组，将该分组转交给其上层——网络层。

网络层接收到从数据链路层上传输来的分组后，按照对等层协议相同的原则进行相关处理，完成本层功能，并去除发送方在对等层增加的协议头 NH，还原为网络层的数据即传输层的报文，将该报文转交给其上层——传输层。

其他层依次进行类似处理，最后进程 PA 的数据将被传输到节点 B 的进程 PB。

从数据的封装与传递过程来看，尽管节点 A 的每一层只与它自己的相邻层通信，但节点 A 的每一层总有一个主要任务必须要执行，就是与节点 B 的对等层进行通信。也就是说，节点 A 第 1 层的任务是与节点 B 的第 1 层通信；节点 A 第 2 层的任务是与节点 B 的第 2 层通信；等等。

但节点对等层之间的通信并不是直接通信，它们需要借助于下层提供的服务来完成，也就是说，对等层之间的通信实际上是虚通信。事实上，当前层总是将其上邻层的 PDU 变为自己 PDU 的数据部分，然后利用其下一层提供的服务将信息传递出去。节点 A 将其应用层的信息逐层向下传递，最终变为能够在传输介质上传输的数据(二进制编码)，并通过传输介质将编码传送到节点 B，节点 B 再逐层向上传递到应用层，每一层都要完成本层功能，并进行数据拆包。

尽管发送的数据在 OSI 环境中经过复杂的处理过程才能传送到另一接收节点，但对于相互通信的计算机来说，OSI 环境中数据流的复杂处理过程是透明的。发送的数据好像是"直接"传送给接收节点的对等层，这是开放系统在网络通信过程中最主要的特点。

知识小贴士

理解数据封装和拆包的过程，对于掌握计算机网络的数据传输是十分重要的。

2.1.3 TCP/IP 体系结构

1. TCP/IP 体系结构的层次划分

OSI 参考模型的提出在计算机网络发展史上具有里程碑的意义，以至于提到计算机网络就不能不提 OSI 参考模型。但是，OSI 参考模型具有定义过于繁杂、实现困难等缺陷。与此同时，TCP/IP 协议的出现和广泛使用，特别是因特网用户爆炸式的增长，使 TCP/IP 网络的体系结构日益显示出其重要性。

TCP/IP 是指传输控制协议/网际协议。它是由多个独立定义的协议组合在一起的协议集合。TCP/IP 协议是目前最流行的商业化网络协议，尽管它不是某一标准化组织提出的正式标准，但它已经被公认为是目前的工业标准或"事实标准"。因特网之所以能迅速发展，就是因为 TCP/IP 协议能够适应和满足世界范围内数据通信的需要。

1) TCP/IP 协议的特点
(1) 开放的协议标准，可以免费使用，并且独立于特定的计算机硬件与操作系统。
(2) 独立于特定的网络硬件，可以运行在局域网和广域网中。
(3) 统一的网络地址分配方案，使得整个 TCP/IP 设备在网中都具有唯一的地址。
(4) 标准化的高层协议，可以提供多种可靠的用户服务。

2) TCP/IP 体系结构的层次

TCP/IP 体系结构将网络划分为 4 层，它们分别是应用层(Application layer)、传输层(Transport layer)、网际层(Internet layer)和网络接口层(Network interface layer)，如图 2-5 所示。

图 2-5 TCP/IP 体系结构的层次

3) TCP/IP 体系结构与 ISO/OSI 参考模型的对应关系

实际上,TCP/IP 的分层体系结构与 ISO/OSI 参考模型有一定的对应关系,如图 2-6 所示。

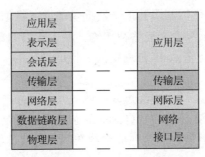

图 2-6 TCP/IP 体系结构与 OSI 参考模型的对应关系

(1) TCP/IP 体系结构的应用层与 OSI 参考模型的应用层、表示层及会话层相对应。
(2) TCP/IP 的传输层与 OSI 的传输层相对应。
(3) TCP/IP 的网际层与 OSI 的网络层相对应。
(4) TCP/IP 的网络接口层与 OSI 的数据链路层及物理层相对应。

2. TCP/IP 体系结构的层功能

1) 网络接口层

在 TCP/IP 分层体系结构中,网络接口层又称主机-网络层,它是最低层,负责将其上层即网际层的 IP 数据报封装成帧后发送到传输介质上;或者从传输介质上接收帧,抽取 IP 数据报交给其上层即网际层。它包括了能使用 TCP/IP 与物理网络进行通信的所有协议。

TCP/IP 体系结构并未定义具体的网络接口层协议,而是旨在提供灵活性,以适应各种网络类型,如 LAN、WAN 等。它允许主机连入网络时使用多种现成的和流行的协议,例如局域网协议或其他一些协议。

2) 网际层

网际层又称互连层,是 TCP/IP 体系结构的第二层,它实现的功能相当于 OSI 参考模型中网络层的功能。网际层的主要功能包括以下几点。

(1) 处理来自传输层的分组发送请求。在收到分组发送请求之后,将分组装入 IP 数据报,填充报头,选择发送路径,然后将数据报发送到相应的网络接口。

(2) 处理接收的数据报。检查收到的数据报的合法性,进行路由。在接收到其他主机发送的数据报之后,检查目的地址,如需要转发,则选择发送路径转发出去;如目的地址为本节点的 IP 地址,则除去报头,将分组送交传输层处理。

(3) 处理 ICMP 报文、路由、流控与拥塞问题。

3) 传输层

传输层位于网际层之上，它的主要功能是负责应用进程之间的端到端通信。在 TCP/IP 体系结构中，设计传输层的主要目的是在互连的源主机与目的主机的对等实体之间建立用于会话的端到端连接。因此，它与 OSI 参考模型的传输层相似。

4) 应用层

应用层是最高层。它与 OSI 参考模型中的高 3 层的任务相同，都是用于提供网络服务，比如文件传输、远程登录、域名服务和简单网络管理等。

3. OSI 参考模型与 TCP/IP 参考模型的比较

尽管 TCP/IP 体系结构与 OSI 参考模型在层次划分及使用的协议上有很大区别，但它们在设计中都采用了层次结构的思想。无论是 OSI 参考模型还是 TCP/IP 体系结构都不是完美的，存有缺陷。

OSI 参考模型的主要问题是定义复杂、实现困难，有些同样的功能(如流量控制与差错控制等)在多层重复出现，效率低下。而 TCP/IP 体系结构的缺陷包括网络接口层本身并不是实际的一层，每层的功能定义与其实现方法没能区分开来，使 TCP/IP 体系结构不能适合于非 TCP/IP 协议族等。

人们普遍希望网络标准化，但 OSI 模型迟迟没有成熟的网络产品。因此，OSI 参考模型与协议并没有像专家们所预想的那样风靡世界。而 TCP/IP 体系结构与协议在 Internet 中经受了几十年的风风雨雨，得到了 IBM、Microsoft、Novell 及 Oracle 等大型网络公司的支持，成为计算机网络的事实标准体系。

工作任务 2　规划 IP 地址

2.2.1　IP 地址

IP 地址是用来标识网络中的通信实体，比如一台主机，或者是路由器的某一个端口。而在基于 IP 协议网络中传输的数据包，也都必须使用 IP 地址来进行标识。

为了方便用户的理解和记忆，IP 地址采用了点分十进制标记法，即将 4 字节的二进制数值对应地转换成 4 个十进制数值，每个数值都小于或等于 255，数值中间用 "." 隔开，表示成 w.x.y.z 的形式。因此，IP 地址的最小值为 0.0.0.0，最大值为 255.255.255.255。

一个 IP 地址主要由两部分组成：一部分是用于标识该地址所从属的网络号；另一部分用于指明该网络上某个特定主机的主机号。

1. IP 地址的组成

互联网是具有层次结构的，一个互联网包括多个网络，每一个网络又包括多台主机。与互联网的层次结构相对应，互联网使用的 IP 地址也采用了层次结构，如图 2-7 所示。

图 2-7　IP 地址的层次结构

TCP/IP 规定,只有同一网络(网络号相同)内的主机才能够直接通信,不同网络内的主机,只有通过其他三层设备的转发,才能够进行通信。

根据 IP 地址中表示网络地址字节数的不同将 IP 地址划分为三类:A 类、B 类和 C 类。A 类用于超大型网络(百万节点),B 类用于中等规模的网络(上千节点),C 类用于小型网络(最多 254 个节点)。A 类地址用第一个字节表示网络地址,后三个字节表示节点地址。B 类地址用前两个字节表示网络地址,后两个字节表示节点地址。C 类地址则用前三个字节表示网络地址,第四个字节表示节点地址。具体如表 2-1 所示。

表 2-1　A、B、C 三类 IP 地址可以容纳的网络数和主机数

类　别	首字节范围	网络地址长度	最大的主机数目	适用的网络规模
A	1~126	1 个字节	16 777 214	大型网络
B	128~191	2 个字节	65 534	中型网络
C	192~223	3 个字节	254	小型网络

网络设备根据 IP 地址的第一个字节来确定网络类型。A 类网络第一个字节的第一个二进制位为 0;B 类网络第一个字节的前两个二进制位为 10;C 类网络第一个字节的前三位二进制位为 110。换算成十进制数可知,A 类网络地址从 1~126,B 类网络地址从 128~191,C 类网络地址从 192~223。224~239 之间的数有时称为 D 类,239 以上的网络号保留。

2. 几类特殊的 IP 地址

1) 私有地址

一般的 IP 地址是由网络信息中心(Network Information Center,NIC)统一管理并分配给提出注册申请的组织机构的,这类 IP 地址称为公有地址,通过它可以直接访问因特网。而私有地址属于非注册地址,专门为组织机构内部使用,如表 2-2 所示。

表 2-2　私有地址类别表

私有地址类别	范　围
A 类	10.0.0.0~10.255.255.255
B 类	172.16.0.0~172.31.255.255
C 类	192.168.0.0~192.168.255.255

由于私有地址的私有网络不与外部互连,因而可以使用随意的 IP 地址。私有网络在接入 Internet 时,要使用地址翻译(NAT),将私有地址翻译成公用合法的 IP 地址。

2) 回环地址

A 类网络地址 127 是一个保留地址,用于网络软件测试以及本地机进程间的通信,叫作回送地址(loopback address)。无论什么程序,一旦使用回送地址发送数据,协议软件将立即返回它,不进行任何网络传输。含网络号 127 的分组不能出现在任何网络上。

3) 网络地址

TCP/IP 协议规定:

(1) 各位全为"0"的网络号被解释成"本网络"。

(2) 含网络号 127 的分组不能出现在任何网络上。
(3) 主机和网关不能为该地址广播任何寻径信息。
由以上规定可以看出，主机号全 "0" 或者全 "1" 的地址在 TCP/IP 协议中有特殊含义，一般不能用作一台主机的有效地址。

4) 广播地址
TCP/IP 规定，主机号全为 "1" 的网络地址用于广播，叫作广播地址。所谓广播，指同时向同一个子网的所有主机发送报文。

2.2.2 子网划分

IPv4 地址如果只使用有类(A、B、C 类)来划分，会造成大量的浪费或者不够用。为了解决这个问题，可以在有类网络的基础上，通过对 IP 地址的主机号进行再划分，把一部分划入网络号，就能划分各种类型大小的网络了。

1. 子网划分方法

子网的基本思想：借用现有网段的主机位的最左边某几位作为子网位，划分出多个子网。
(1) 用原来有类网络 IPv4 地址中的 "网络 ID" 部分向 "主机 ID" 部分借位。
(2) 把一部分原来属于 "主机 ID" 部分的位变成 "网络 ID" 的一部分(通常称之为 "子网 ID")。
(3) 原来的 "网络 ID" + "子网 ID" = 新 "网络 ID"。"子网 ID" 的长度决定了可以划分子网的数量，如图 2-8 所示。

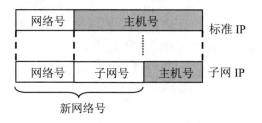

图 2-8 子网编址的层次结构

例如，一个 C 类 IP 地址(211.84.240.1)需要划分为 5 个子网，该如何划分呢？

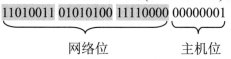

由于地址为 C 类地址，默认的网络位是前 24 位，后 8 位是主机位，主机位借走几位作为子网位。这里取出高 3 位作为子网地址。则：

借用 3 位作为子网位，将产生 2^3-2 即 6 个子网，即 001,010,011,100,101,110。000 和 111 一般不做使用。

2. 子网掩码

子网掩码是一个 32 位二进制数,由连续的 1 和连续的 0 组成,用点分十进制来描述,默认情况下,掩码包含两个域:网络域和主机域。1 和 0 分别对应网络号和本地可管理的网络地址部分。例如 A 类地址默认子网掩码:255.0.0.0。

255.0.0.0 换算成二进制为 11111111.00000000.00000000.00000000。

可以清楚地看到,前 8 位是网络地址,后 24 位是主机地址,也就是说,如果用的是标准子网掩码,从第一段地址即可看出是不是属于同一网络。

B 类网络(128~191)默认子网掩码:255.255.0.0。

C 类网络(192~223)默认子网掩码:255.255.255.0。

3. 网络地址与广播地址的计算

网络地址的计算方法:

IP 地址与子网掩码进行"与"运算,得到网络地址。

广播地址的计算方法:

子网掩码"取反"运算,然后与网络地址进行"或"运算,得到广播地址。

总结公式为:

网络地址=IP address & Mask

广播地址=Network address + $\overline{Mask}$

地址范围={网络地址+1,广播地址-1}

例如,192.168.10.1/24 的 IP 地址,它的网络地址与广播地址的计算如下。

网络地址的计算,将 IP 地址与子网掩码按位进行"与"运算,即

```
            11000000.10101000.00001010.00000001
            11111111.11111111.11111111.00000000
```
与运算　　　11000000.10101000.00001010.00000000

结果为 192.168.10.0。

广播地址的计算,子网掩码"取反"运算,然后与网络地址进行"或"运算,即

```
            11000000.10101000.00001010.00000001
            00000000.00000000.00000000.11111111(子网掩码的反码)
```
或运算　　　11000000.10101000.00001010.11111111

结果为 192.168.10.255。

知识小贴士

参加运算的两个数据,按二进制位进行"与"运算。

运算规则:0&0=0; 0&1=0; 1&0=0; 1&1=1; 即两位同时为"1",结果才为 1,否则为 0。

IP 地址所在网络的范围为 192.168.10.1~192.168.10.254。

4. 子网划分举例

某单位使用 C 类网络号(211.84.240.0)来规划网络,要求将该网络划分为 5 个子网,并

给出划分子网的具体方案。

对于该单位的上述需求，采用可变长子网掩码，其划分子网的步骤如下。

(1) 借位。需要 5 个子网，那么从主机位可以借 3 位，产生 2^3-2 即 6 个子网。

(2) 确定子网掩码：11111111.11111111.11111111.11111 000，即 255.255.255.248。

(3) 确定第一个子网的网络地址、广播地址和 IP 地址范围。

第一个子网的网络地址：11010011 01010100 11110000 001 00000，即 211.84.240.32。

第一个子网的广播地址：11010011 01010100 11110000 001 11111，即 211.84.240.63。

第一个子网的 IP 地址范围：211.84.240.33～211.84.240.62。

(4) 依次写出剩余子网规划。

第二个子网的网络地址：211.84.240.010 00000。

第二个子网的广播地址：211.84.240.010 11111。

第二个子网的 IP 地址范围：211.84.240.64～211.84.240.94。

第三个子网的网络地址：211.84.240.011 00000。

第三个子网的广播地址：211.84.240.011 11111。

第三个子网的 IP 地址范围：211.84.240.97～211.84.240.126。

第四个子网的网络地址：211.84.240.100 00000。

第四个子网的广播地址：211.84.240.100 11111。

第四个子网的 IP 地址范围：211.84.240.129～211.84.240.158。

第五个子网的网络地址：211.84.240.101 00000。

第五个子网的广播地址：211.84.240.101 11111。

第五个子网的 IP 地址范围：211.84.240.161～211.84.240.190。

岗课赛证融通

公司得到一个 B 类网络地址块，需要划分成若干个包含 1000 台主机的子网，则可以划分成(　　)个子网。(选自网络工程师认证考试真题)

A. 100　　　B. 64　　　C. 128　　　D. 500

工作任务 3　安装与使用 Wireshark

Wireshark 是一个网络封包分析软件。网络封包分析软件的功能是截取网络封包，并尽可能显示出最为详细的网络封包资料。Wireshark 使用 WinPCAP 作为接口，直接与网卡进行数据报文交换。我们可以利用 Wireshark 来分析网络。

2.3.1　Wireshark 的安装

双击.exe 文件开始进行安装，进入图 2-9 所示的界面，然后单击 Next 按钮。

图 2-9　准备安装

进入图 2-10 所示的界面，单击 I Agree 按钮同意安装。

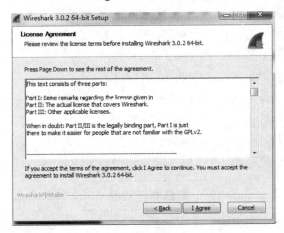

图 2-10　阅读条款

进入图 2-11 所示的界面，选中所有复选框，单击 Next 按钮。

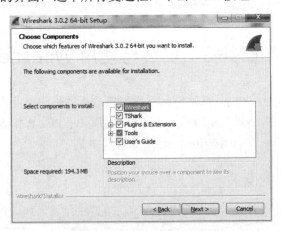

图 2-11　选择需要安装的工具

进入图 2-12 所示的界面，默认选中复选框，单击 Next 按钮。

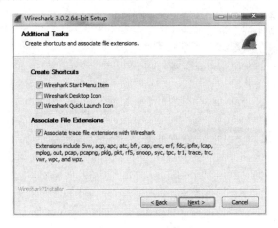

图 2-12　是否创建图标

进入图 2-13 所示的界面，选择安装路径，单击 Next 按钮。

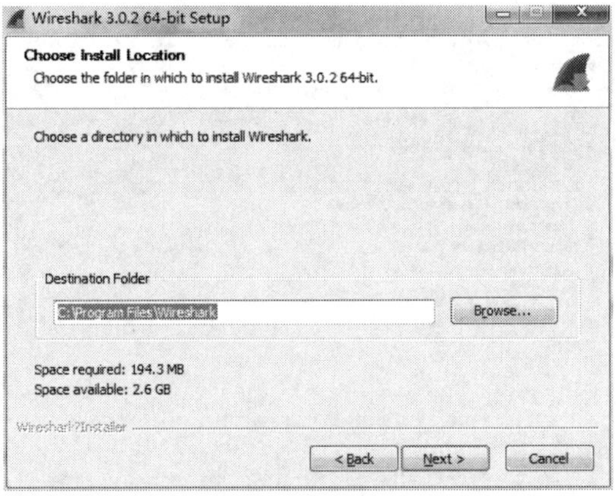

图 2-13　选择安装路径

进入图 2-14 所示的界面，单击 Next 按钮。

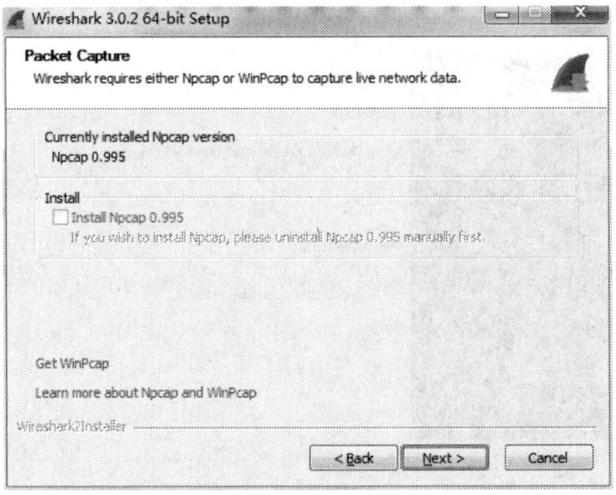

图 2-14　选择是否安装 WinPcap

进入图 2-15 所示的界面，单击 Install 按钮。

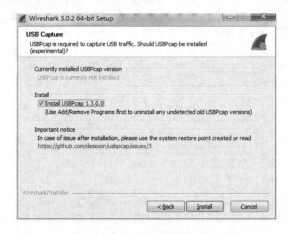

图 2-15　安装 USBPcap

进入图 2-16 所示的界面，开始安装。

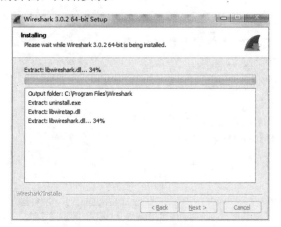

图 2-16　正在安装

进入图 2-17 所示的界面，安装完毕，单击 Finish 按钮重启电脑。

图 2-17　安装完毕

2.3.2 数据包抓取

进入图 2-18 所示的界面，选择网卡。

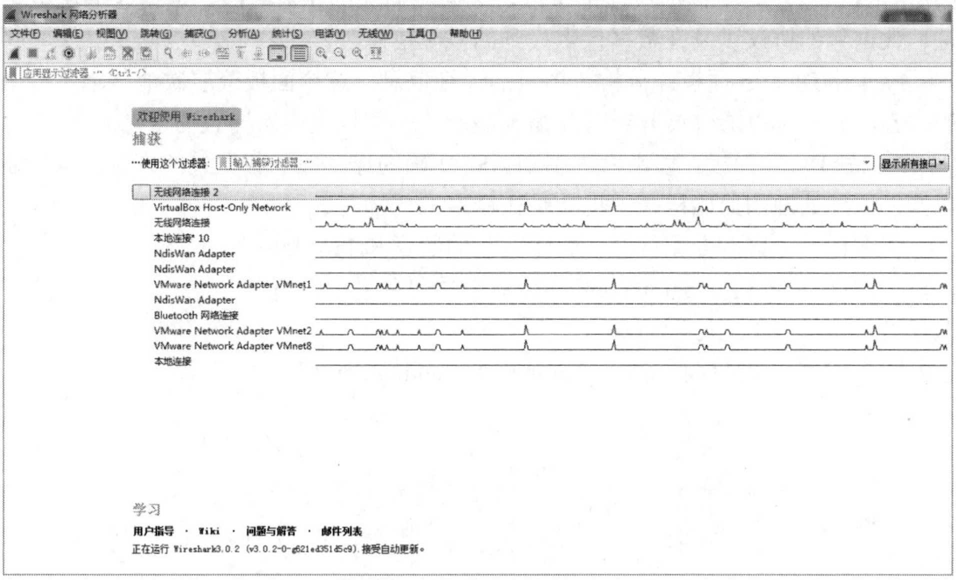

图 2-18 选择网卡

知识小贴士

计算机网络适配器安装好后，会显示多个网络适配器。

进入图 2-19 所示界面，单击"捕获"按钮，开始抓取数据包。

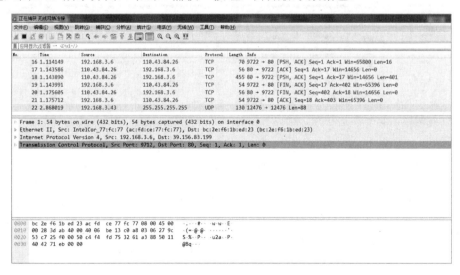

图 2-19 抓取数据包

整体来说，界面主要分为以下几部分。

(1) 菜单栏：Wireshark 的标准菜单栏。

(2) 工具栏：常用功能的快捷图标按钮，提供快速访问菜单中经常用到的项目的功能。

(3) 过滤器：提供处理当前显示过滤的方法。

(4) Packet List 面板：显示每个数据帧的摘要。这里采用表格的形式列出了当前捕获文件中的所有数据包，其中包括数据包序号、数据包捕获的相对时间、数据包的源地址和目标地址、数据包的协议以及在数据包中找到的概况信息等。

(5) Packet Details 面板：分析数据包的详细信息。这个面板分层次地显示了一个数据包中的内容，并且可以通过展开或者收缩来显示这个数据包中所捕获的全部内容。

(6) Packet Bytes 面板：以十六进制和 ASCII 码的形式显示数据包的内容。这里显示了一个数据包未经处理的原始样子，也就是在链路上传播时的样子。

(7) 状态栏：包含有专家信息、注释、包的数量和 Profile。

例如，通过 Ping www.baidu.com 来抓取数据包并进行分析。

执行 "开始" → "运行" 命令，输入 "cmd"。

进入图 2-20 所示的界面，输入 "ping www.baidu.com -t"。

```
C:\>ping www.baidu.com -t

正在 Ping www.a.shifen.com [39.156.66.14] 具有 32 字节的数据:
来自 39.156.66.14 的回复: 字节=32 时间=44ms TTL=52
来自 39.156.66.14 的回复: 字节=32 时间=55ms TTL=52
来自 39.156.66.14 的回复: 字节=32 时间=40ms TTL=52
来自 39.156.66.14 的回复: 字节=32 时间=26ms TTL=52
来自 39.156.66.14 的回复: 字节=32 时间=29ms TTL=52
来自 39.156.66.14 的回复: 字节=32 时间=26ms TTL=52
来自 39.156.66.14 的回复: 字节=32 时间=20ms TTL=52
来自 39.156.66.14 的回复: 字节=32 时间=29ms TTL=52
来自 39.156.66.14 的回复: 字节=32 时间=44ms TTL=52
来自 39.156.66.14 的回复: 字节=32 时间=19ms TTL=52
来自 39.156.66.14 的回复: 字节=32 时间=24ms TTL=52
```

图 2-20　ping www.baidu.com

进入图 2-21 所示的界面，单击 "捕获" 按钮，可以看到去往百度的数据包。

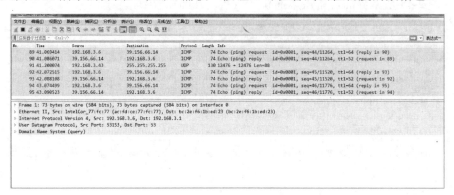

图 2-21　抓取到 ping 的数据包

工作任务 4　分析 IP 协议

IP 是 TCP/IP 协议族中最为核心的协议，所有的 TCP、UDP、ICMP 及 IGMP 数据都以 IP 数据报格式传输。

IP 首部中包含着用于 IP 协议进行数据传输和控制时所必需的信息。图 2-22 所示为 IP

数据报格式(IPv4)。

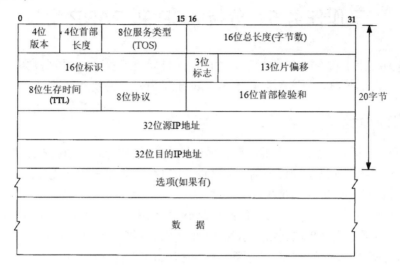

图 2-22　IP 首部结构图

(1) 版本。标识 IP 首部的版本号。协议版本号是 4，表示 IPv4；协议版本号是 6，表示 IPv6。

(2) 首部长度。标识 IP 首部的大小，单位为 4 字节，由于它是一个 4 比特字段，所能表示的数字最大为 15(1111)，因此首部最长为 60 个字节(4 字节×15)。

(3) 服务类型。标识服务质量。包括一个 3 bit 的优先度(0～7 标识优先度从低到高)，4 bit 的 TOS 子字段和 1 bit 未定义位(必须置为 0)。4 bit 的 TOS 分别代表最小时延、最大吞吐量、最高可靠性和最小代价。但是在实际应用中，几乎所有的网络都忽略这些字段，这是由于这些字段可能会引起数据传输不公平的现象。

(4) 总长度。字段是指整个 IP 数据报的长度，以字节为单位。利用首部长度字段和总长度字段，就可以知道 IP 数据报中数据内容的起始位置和长度。由于该字段长 16 比特，所以 IP 数据报最长可达 65535 字节(2^{16})。

(5) 标识。用于唯一地标识主机发送的每一份数据报。同一分片的标识相等，不同分片的标识不相等。

(6) 标志。标识分片的相关信息。

(7) 片偏移。标识被分片的每一个分段相对于原始数据的位置。

(8) 生存时间。标识数据报可以经过的最多路由器数。

(9) 协议。用于标识 IP 数据报传输层的上层协议编号。

(10) 首部校验和。用来校验数据报的首部，不校验数据部分。

(11) 源地址。标识发送端的 IP 地址。

(12) 目的地址。标识接收端的 IP 地址。

(13) 选项。通常只在进行实验或者测试时使用。

(14) 数据。IP 数据报所携带的数据。

工作任务 5　分析 ARP 和 RARP 协议

通信双方确定了对方的 IP 地址后，就可以向目标地址发送 IP 数据报文，但是，在数据链路层进行实际通信时，还必须要知道对方 IP 地址所对应的物理地址。

2.5.1　物理地址

连接到网络的设备都有一个唯一的物理地址，也叫作硬件地址或 MAC 地址。通常在出厂前 MAC 地址就写入到了硬件内部。网络设备的 MAC 地址是独一无二的，不存在两个不同设备拥有相同 MAC 地址的情况。

MAC 地址工作在数据链路层，总长度为 48 位二进制数，前 24 位由 IEEE 分配，后 24 位由厂商自行分配。这 48 位通常表示为 12 个十六进制数，例如 08:00:20:0A:8C:67，其中前 6 位十六进制数代表网络硬件制造商编号，它是由 IEEE 分配，而后 6 位十六进制数是代表该制造商所制造的某个网络产品的系列号。

2.5.2　ARP 协议

地址解析协议(Address Resolution Protocol，ARP)属于数据链路层协议，为网络层和物理层提供服务。Internet 上几乎每一台机器都在运行这个协议。尽管 Internet 上的每一台机器都有一个或多个 IP 地址，但是真正在发送分组的时候使用的并不是 IP 地址，因为数据链路层硬件并不理解 Internet 地址。当网络中的一台主机和另一台主机进行通信时，它必须有接收端的逻辑地址(IP 地址)，而且 IP 数据包必须封装成帧才能通过物理网络，所以，发送端必须要有接收端的物理地址(MAC 地址)，这就需要有从逻辑地址到物理地址的映射。ARP 协议就是用来确定这些映射的协议。地址解析为这两种不同的地址形式提供映射：32 bit 的 IP 地址和数据链路层使用的任何类型的地址。

在以太网上解析 IP 地址时，ARP 请求和应答分组的格式如图 2-23 所示。

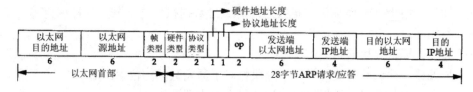

图 2-23　ARP 请求和应答分组的格式

(1) 硬件类型字段表示硬件地址的类型。它的值为 1 即表示以太网地址。
(2) 协议类型字段表示要映射的协议地址类型。它的值为 0x0800 即表示 IP 地址。
(3) 硬件地址长度。指硬件地址的长度，以字节为单位，以太网上 ARP 请求和应答的值为 6。
(4) 协议地址长度。指协议地址的长度，以字节为单位，以太网上 ARP 请求和应答的值为 4。
(5) 操作字段指出四种操作类型 1、2、3、4，分别对应 ARP 请求、ARP 应答、RARP

请求和 RARP 应答。

(6) 发送端的硬件地址。指发送端的 MAC 地址。
(7) 发送端的协议地址。指发送端的 IP 地址。
(8) 目的端的硬件地址。指目的端的 MAC 地址。
(9) 目的端的协议地址。指目的端的 IP 地址。

2.5.3 ARP 的工作机制

ARP 是依靠 ARP 请求和响应两种类型的数据包来工作的。逻辑地址和物理地址之间的关联可以静态地存储在一个表中，网络中的每一台主机都会在自己的 ARP 缓存中建立一张这样的表。当发送端要与接收端进行通信的时候，首先会查询自己的 ARP 表，如果存在接收端的 IP 地址与 MAC 地址映射，就会直接按照这个 MAC 地址发送数据到接收端。如果发送端 ARP 表中不存在接收端的 IP 地址与 MAC 地址的映射，发送端就会发送 ARP 查询分组，它包括发送端的 IP 地址、MAC 地址和接收端的 IP 地址。网络中的每一台主机都会收到这个查询分组，但只有接收端才发回 ARP 响应分组，它包括接收端的 IP 地址和 MAC 地址。发送端接收到这个响应分组后，把接收端的 IP 地址与 MAC 地址存放在自己的 ARP 表中，然后按照接收端的 MAC 地址进行通信。

知识小贴士

获取到特定 IP 对应的 MAC 地址，然后存储到本地 ARP 缓存表中，后面需要的话，就可以在这里查找。既然是缓存表，就意味着它有时效性，如果电脑或者通信设备重启的话，这张表就会被清空。也就是说，如果下次需要通信，又需要进行 ARP 请求。

如图 2-24 所示，假如主机 A 想要和主机 B 通信，它们互相不知道对方的 MAC 地址。主机 A 为了获得主机 B 的 MAC 地址，它会在网络中发送一个广播 ARP 请求包，网络中所有设备都会收到这个广播，但是只有主机 B 会作出响应。主机 A 接收到这个响应后，把主机 B 的 IP 地址与 MAC 地址存放在自己的 ARP 表中，然后按照主机 B 的 MAC 地址进行通信。

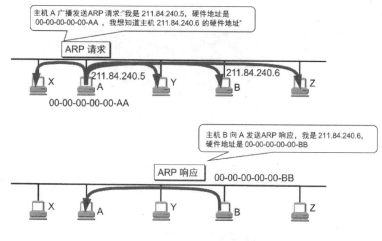

图 2-24 ARP 的工作原理

2.5.4 RARP 协议

反向地址解析协议(RARP)是实现从物理地址到网际地址的映射协议，该协议用于获取网络节点的 IP 地址。一般用于无盘工作站和终端，解决已知物理地址获取 IP 地址的问题。RARP 分组格式基本上与 ARP 分组一致。一个 RARP 请求在网络上进行广播，它在分组中标明发送端的硬件地址，以请求相应 IP 地址的响应。应答通常是单播传送的。

工作任务 6　分析 ICMP 协议

ICMP 协议是一种提供有关 IP 数据报文传递出现故障问题而反馈信息的机制。ICMP 经常被认为是 IP 层的一个组成部分，它传递差错报文以及其他需要注意的信息。ICMP 报文通常被 IP 层或更高层协议使用。一些 ICMP 报文把差错报文返回给用户进程。

2.6.1 ICMP 协议

组建 IP 网络时需要特别注意两点：确认网络是否正常工作，以及遇到异常时进行问题诊断。例如，一个刚刚搭建好的网络，需要验证该网络的设置是否正确。此外，为了确保网络能够按照预期正常工作，一旦遇到问题需要立即制止问题的蔓延。为了减轻网络管理员的负担，这些都是必不可少的功能。ICMP 正是提供这类功能的一种协议。

ICMP 的主要功能包括：确认 IP 包是否成功送达目标地址，通知在发送过程当中 IP 包被废弃的具体原因，改善网络设置等。有了这些功能以后，就可以获得网络是否正常、设置是否有误以及设备有何异常等信息，从而便于进行网络问题的诊断。

2.6.2 ICMP 报文格式

在网络中，ICMP 报文被封装在 IP 数据报中进行传输。由于 ICMP 的报文类型很多，且又有各自的代码，因此，ICMP 并没有一个统一的报文格式供全部 ICMP 信息使用，不同的 ICMP 类别有不同的报文字段，如图 2-25 所示。

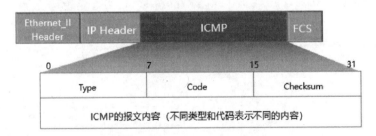

图 2-25　ICMP 协议结构图

ICMP 报文只在前 4 个字节有统一的格式，即类型、代码和校验和 3 个字段。接着的 4 个字节的内容与 ICMP 报文类型有关。图 2-25 描述了 ICMP 的回送请求和应答报文格式，ICMP 报文分为首部和数据区两大部分。其中：

(1) 类型：占一个字节，表示 ICMP 消息的类型。

(2) 代码：占一个字节，用于进一步区分某种类型的几种不同情况。

(3) 校验和：占两个字节，提供对整个 ICMP 报文的校验和。

ICMP 报文的种类可以分为 ICMP 差错报告报文和 ICMP 询问报文两种。表 2-3 列出了已定义的几种 ICMP 消息。

表 2-3　ICMP 消息及类型码

类型的值	ICMP 消息类型	类型的值	ICMP 消息类型
0	回送(Echo)应答	12	参数出错报告
3	目的站点不可达	13	时间戳(Timestamp)请求
4	源站点抑制(Source quench)	14	时间戳(Timestamp)应答
5	路由重定向(Redirect)	15	信息请求
8	回送请求	16	信息应答
9	路由器询问	17	地址掩码(Address mask)请求
10	路由器通告	18	地址掩码(Address mask)应答
11	超时报告		

下面介绍几种常用的 ICMP 消息类型。

1. 目的站点不可达

产生"目的站点不可达"的原因有多种。在路由器不知道如何到达目的网络、数据报指定的源路由不稳定、路由器必须将一个设置了不可分段标志的数据报分段等情况下，路由器都会返回此消息。如果由于指明的协议模块或进程端口未被激活而导致目的主机的 IP 不能传送数据报，这时目的主机也会向源主机发送"目的站点不可达"的消息。

为了进一步区分同一类型信息中的几种不同情况，在 ICMP 报文格式中引入了代码字段，该类型常见信息代码及其含义如表 2-4 所示。

表 2-4　ICMP 类型 3 的常见代码

代码	描述	处理	代码	描述	处理
0	网络不可达	无路由到达主机	1	主机不可达	无路由到达主机
2	协议不可用	连接被拒绝	3	端口不可达	连接被拒绝
4	需分段，设置 DF 值为 0	报文太长	5	源路由失败	无路由到达主机

2. 源站点抑制

此消息类型提供了流控制的一种基本形式。当数据报到达得太快，路由器或主机来不及处理时，这些数据报就必须被丢弃。丢弃数据报的计算机就会发一条"源站点抑制"的 ICMP 报文。"源站点抑制"消息的接收者就会降低向该消息发送站点发送数据报的速度。

3. 回送请求和回送应答

这两种 ICMP 消息提供了一种用于确定两台计算机之间是否可以进行通信的机制。当一个主机或路由器向一个特定的目的主机发出 ICMP 回送请求报文时，该报文的接收者应当向源主机发送 ICMP 回送应答报文。

4．时间戳请求和时间戳应答

这两种消息提供了一种对网络延迟进行取样的机制。时间戳请求的发送者在其报文的信息字段中写入发送消息的时间。接收者在发送时间戳之后添加一个接收时间戳，并作为时间戳应答消息报文返回。

5．地址掩码请求和地址掩码应答

主机可以用"地址掩码请求"消息来查找其所连接网络的子网掩码。主机在网络上广播请求，并等待路由器的包含子网掩码的"地址掩码应答"消息报文的到来。

6．超时报告

当一个数据报的 TTL 值到达 0 时，路由器将会给源主机发送超时报文。

工作任务 7　分析 TCP 和 UDP 协议

2.7.1　TCP 协议

传输控制协议(TCP)是高度可靠的用于端到端之间的协议，提供进程间的通信，位于传输层，在网络层的上层。

TCP 向上连接着应用程序进程，向下连接到下面一级的协议，即网络层协议。TCP 除提供进程通信外，主要目的是在成对的进程之间提供可靠、安全的逻辑通道或连接服务，主要表现在以下方面。

(1) 基本数据传输。TCP 将一定数量的字节打包成段通过互联网系统传输，从而在其用户之间的每个方向上传输连续的字节流。

(2) 可靠性。TCP 能够从损坏、丢失、复制或乱序传送的数据中恢复。这是通过为每个传输的字节分配一个序列号来实现的，并且需要来自接收端 TCP 的肯定确认 (ACK)。如果在超时间隔内没有收到 ACK，则重新传输数据。在接收端，序列号用于正确排序可能被乱序接收的段并消除重复。通过向每个传输的段添加校验和，在接收端对其进行检查并丢弃损坏的段来处理损坏。

(3) 流量控制。TCP 为接收方提供了一种控制发送方发送数据量的方法。这是通过返回一个"窗口"来实现的，每个 ACK 都指示成功接收到的最后一个段之外的可接收序列号的范围。该窗口指示发送方在接收进一步许可之前允许传输的字节数。

(4) 多路复用。为了允许单个主机内的多个进程同时使用 TCP 通信设施，TCP 在每个主机内为每个进程提供一个端口，与网络层的主机地址连接起来，形成一个套接字。一对套接字唯一地标识每个连接，也就是说，一个套接字可以同时用于多个连接。

(5) 连接。当两个进程通信时，它们的 TCP 必须首先建立连接(初始化每一端的状态信息)。当通信完成时，连接将被终止或关闭以释放资源。

(6) 优先权和安全性。TCP 的用户可以指示他们通信的安全性和优先级，规定在不需要这些功能时使用默认值。

1. TCP 报文格式

TCP 报文分为首部和数据两个部分。如图 2-26 所示，TCP 报文段首部的前 20 个字节是固定的，后面有 4×n 个字节是可选项。

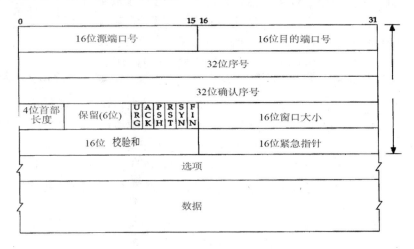

图 2-26　TCP 报文结构图

(1) 源端口和目的端口：各占 2 个字节，用于区分源端口和目的端口的多个应用程序。

(2) 序号：占 4 个字节，指本报文段所发送的数据的第一个字节的序号。

(3) 确认序号：占 4 个字节，是期望下次接收的数据的第一个字节的编号，表示该编号以前的数据已安全接收。

(4) 数据偏移：占 4 位，指数据开始部分距报文段开始的距离，即报文段首部的长度，以 4 个字节为单位。

(5) 标志字段：共有六个标志位。

紧急位 URG=1 时，表明该报文要尽快传送，紧急指针启用。

确认位 ACK=1 时，表头的确认号才有效；ACK=0 时，连接请求报文。

急迫位 PSH=1 时，表示请求接收端的 TCP 将本报文段立即传送到其应用层，而不是等到整个缓存都填满后才向上传递。

复位位 RST=1 时，表明出现了严重差错，必须释放连接，然后再重建连接。

同步位 SYN=1 时，表明该报文段是一个连接请求或连接响应报文。

终止位 FIN=1 时，表明要发送的字符串已经发送完毕，并要求释放连接。

(6) 窗口：占 2 个字节，指该报文段发送者的接收窗口的大小，单位为字节。

(7) 校验和：占 2 个字节，对报文的首部和数据部分进行校验。

(8) 紧急指针：占 2 个字节，指明本报文段中紧急数据的最后一个字节的序号，和紧急位 URG 配合使用。

(9) 选项：长度可变，若该字段长度不够 4 个字节，由填充补齐。

2. TCP 连接的建立

TCP 连接的建立采用 "三次握手"的方法。

一般情况下，双方连接的建立由其中一方发起，如图 2-27 所示。

主机 A 首先向主机 B 发出连接请求报文段，其首部的 SYN 同步位为 1，同时选择一个序号 x；主机 B 收到此连接请求报文后，若同意建立连接，则向主机 A 发送连接响应报文段。在响应报文段中，SYN 同步位为 1，确认序号为 x+1，同时也为自己选择一个序列号 y；主机 A 收到此确认报文后，也向主机 B 确认，这时，序号为 x+1，确认序号为 y+1。

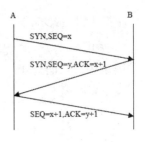

图 2-27 三次握手示意图

当连接建立后，A、B 主机就可以利用 TCP 进行数据传输了。请求端(通常称为客户)发送一个 SYN 段指明客户打算连接的服务器的端口以及初始序号。这个 SYN 段为报文段 1。

服务器发回包含服务器的初始序号的 SYN 报文段(报文段 2)作为应答。同时，将确认序号设置为客户的 ISN 加 1 以对客户的 SYN 报文段进行确认。一个 SYN 将占用一个序号。

客户必须将确认序号设置为服务器的 ISN 加 1 以对服务器的 SYN 报文段进行确认(报文段 3)。

这三个报文段完成连接的建立，这个过程就称为三次握手。

2.7.2 UDP 协议

UDP 是 User Datagram Protocol(用户数据报协议)的缩写。UDP 不提供复杂的控制机制，利用 IP 提供面向无连接的通信服务，并且它是将应用程序发来的数据在收到的那一刻，立即按照原样发送到网络上的一种机制。即使在出现网络拥堵的情况下，UDP 也无法进行流量控制等避免网络拥塞的行为。此外，传输途中即使出现丢包，UDP 也不负责重发，甚至当出现包的到达顺序混乱时也没有纠正的功能。如果需要对这些细节进行控制，那么可以利用 UDP 的应用程序去处理。

由于 UDP 面向无连接，它可以随时发送数据，再加上 UDP 本身的处理既简单又高效，因此经常用于以下几个方面：①包总量较少的通信(DNS、SNMP 等)；②视频、音频等多媒体通信(即时通信)；③限定于 LAN 等特定网络中的应用通信；④广播通信(广播、多播)。

UDP 报文的结构如图 2-28 所示，UDP 报文中每个字段的含义如下。

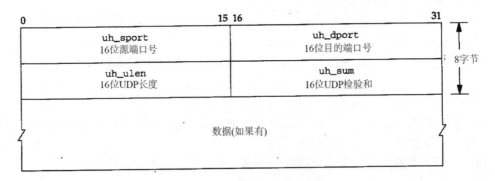

图 2-28 UDP 报文结构图

(1) 源端口：这个字段占 UDP 报文头的前 16 位，通常包含发送数据报的应用程序所使用的 UDP 端口。接收端的应用程序利用这个字段的值作为发送响应的目的地址。这个字段是可选的，所以发送端的应用程序不一定会把自己的端口号写入该字段中。如果不写入端口号，则把这个字段设置为 0。这样，接收端的应用程序就不能发送响应了。

(2) 目的端口：接收端计算机上 UDP 软件使用的端口，占 16 位。

(3) 长度：该字段占 16 位，表示 UDP 数据报长度，包含 UDP 报文头和 UDP 数据长度。因为 UDP 报文头长度是 8 个字节，所以这个值最小为 8。

(4) 校验值：该字段占 16 位，可以检验数据在传输过程中是否被损坏。

知识小贴士

对于直播、视频、游戏等，选择 UDP 协议可以最大可能地发挥 UDP 实时传输的优点，使用户得到更加流畅的画面体验。UDP 相对比较轻量，在要求比较高的物联网领域常常也会选择 UDP。但对于一些文字、文件的数据传输还是会优先使用 TCP。

工作任务 8　简述 IPv6 新技术

2.8.1　IPv4 面临的困境

互联网起源于 20 世纪 60 年代的美国国防部，每台联网的设备都需要一个 IP 地址，初期只有上千台设备联网，使得采用 32 位长度的 IP 地址看起来几乎不可能被耗尽。但随着互联网的发展，用户数量的增加，尤其是随着互联网的商业化，用户呈现几何倍数的增长，IPv4 地址资源即将耗尽。IPv4 可以提供 232 个地址，由于协议设计之初的规划问题，部分地址不能被分配使用，如 D 类地址(组播地址)和 E 类地址(实验保留)，导致整个地址空间进一步缩小。

另外，在初期看来是不可能被耗尽的 IP 地址，在具体数量的分配上也是非常不均匀的，美国占了一半以上的 IP 地址数量，特别是一些大型公司比如 IBM，申请并获得了 1000 万个以上的 IP 地址，但实际上往往用不了这么多，造成了非常大的浪费。另一方面，亚洲人口众多，但获得的 IP 地址却非常有限，互联网发展起步较晚，地址不足这个问题显得更加突出，进一步地限制了互联网的发展和壮大。

互联网骨干路由器的路由表非常庞大。由于 IPv4 发展初期缺乏合理的地址规划，造成地址分配的不连续，导致当今互联网骨干设备的 BGP 路由表非常庞大，已经达到数十万条的规模，并且还在持续增长中。由于缺乏合理的规划，也导致无法实现进一步的路由汇总，这样对骨干设备的处理能力和内存空间都带来了较大的压力，影响了数据包的转发效率。

2.8.2　IPv6 优势

与 IPv4 相比，IPv6 具有以下几个优势。

(1) 近乎无限的地址空间：与 IPv4 相比，这是最明显的优势。IPv6 地址由 128 位构成，单从数量级来说，IPv6 所拥有的地址容量是 IPv4 的 2×1096 倍。

(2) 层次化的地址结构：正因为有了近乎无限的地址空间，IPv6 在地址规划时就根据使用场景划分了各种地址段。同时严格要求单播 IPv6 地址段的连续性，便于 IPv6 路由聚合，缩小 IPv6 路由表规模。

（3）即插即用：任何计算机或者终端要获取网络资源，传输数据，都必须有明确的 IP 地址。传统的分配 IP 地址方式是由手工或者 DHCP 自动获取，除了上述两种方式外，IPv6 还支持 SLAAC(Stateless Address Autoconfiguration，无状态地址自动配置)。

（4）端到端网络的完整性：大面积使用 NAT 技术的 IPv4 网络，从根本上破坏了端到端连接的完整性。使用 IPv6 之后，将不再需要 NAT 网络设备，上网行为管理、网络监管等将变得简单。

（5）安全性得到增强：IPSec(Internet Protocol Security，Internet 安全协议)最初是为 IPv6 设计的，所以基于 IPv6 的各种协议报文(路由协议、邻居发现等)都可以端到端地加密，当然该功能目前应用并不多。而 IPv6 的数据报文安全性跟 IPv4+IPSec 的能力基本相同。

（6）可扩展性强：IPv6 的扩展首部并不是网络层首部的一部分，但是在必要的时候，这些扩展首部插在 IPv6 基本首部和有效载荷之间，能够协助 IPv6 完成加密功能、移动功能、最优路径选择、QoS 等，并能提高报文转发效率。

（7）移动性改善：当用户从一个网段移动到另外一个网段时，传统的网络会产生经典式"三角式路由"。在 IPv6 网络中，这种移动设备的通信，不再经过"三角式路由"，而做直接路由转发，降低了流量转发的成本，提升了网络的性能和可靠性。

（8）QoS 得到进一步增强：IPv6 保留了 IPv4 所有的 QoS 属性，额外定义了 20 字节的流标签字段，可为应用程序或者终端所用，针对特殊的服务和数据流分配特定的资源。目前该机制并没有得到充分的开发和应用。

2.8.3　IPv6 地址表示方式

128 位的 IPv6 地址可以划分更多地址层级、拥有更广阔的地址分配空间，并支持地址自动配置。近乎无限的地址空间是 IPv6 的最大优势。

对 IPv6 来说，将 128 位 IP 地址以每 16 位为一组，分为 8 组，每组用冒号(：)隔开进行标记。如果出现连续的 0 时还可以将这些 0 省略，并用两个冒号(：：)隔开。但是，一个 IP 地址中只允许出现一次两个连续的冒号。

例如：

IPv6 用二进制数表示：

1111111011111101:1011010100011000:0110110010101000:0011001000010000:11111110
11011100:1011111010011010:0111111001010100:0011001000011100

IPv6 用十六进制数表示：

FEFD:BA98:7654:3210:FEDC:BE9A:7E54:321C

IPv6 的 IP 地址省略表示：

2001:0DB8:0000:0000:0000:0000: BA98:8D58

2001:DB8:: BA98: 8D58

知识小贴士

《中国 IPv6 产业发展报告(2023 版)》数据显示，截至 2023 年 5 月，我国 IPv6 活跃用户数达到 7.63 亿，用户占比达到 71.51%，用户规模位居世界前列。这表明中国在推动 IPv6 的普及和发展方面取得了显著进展。

学习任务工单　农业产业园 IP 地址规划

姓名		学号		专业	
班级		地点		日期	
成员					

1. 工作要求

(1) 掌握子网掩码的作用。

(2) 掌握网络地址与广播地址的计算方法。

(3) 掌握 IP 地址规划方法。

2. 任务描述

农业产业园使用 C 类网络号(211.84.240.0)来规划网络，要求将该网络划分为 5 个子网，并给出划分子网的具体方案。

3. 任务步骤

步骤 1：计算划分子网时，使用的子网掩码。

步骤 2：计算每个子网的网络地址与广播地址。

步骤 3：列出全部可用的子网，及可用主机的范围。

4. 讨论评价

(1) 任务中的问题：

(2) 任务中的收获：

教师审阅：

学生签名：

日　　期：

知识和技能自测

学号	姓名	班级	日期	成绩：

一、选择题

1. 172.16.10.32/24 代表的是（　　）。
   A. 网络地址　　　B. 主机地址　　　C. 组播地址　　　D. 广播地址

2. 为了解决现有 IP 地址资源短缺、分配严重不均衡的局面，我国协同世界各国正在开发下一代 IP 地址技术。此 IP 地址简称为（　　）。
   A. IPv3　　　　　B. IPv4　　　　　C. IPv5　　　　　D. IPv6

3. 下列关于 UDP 特点的说法中，不正确的是（　　）。
   A. 提供可靠的服务　　　　　　　　B. 提供无连接的服务
   C. 提供端到端的服务　　　　　　　D. 提供全双工服务

4. 下列关于 TCP 特点的说法中，不正确的是（　　）。
   A. 提供可靠的服务　　　　　　　　B. 提供面向连接的服务
   C. 没有流量控制　　　　　　　　　D. 提供全双工服务

5. 某公司申请到一个 C 类 IP 地址，但要连接 6 个子公司，最大的一个子公司有 26 台计算机，每个子公司在一个网段中，则子网掩码应设为（　　）。
   A. 255.255.255.0　　　　　　　　　B. 255.255.255.128
   C. 255.255.255.192　　　　　　　　D. 255.255.255.224

二、填空题

1. 没有任何子网划分的 IP 地址 125.3.54.56 的网段地址是_____。
2. TCP/IP 规定，主机号全为"1"的网络地址为_____。
3. _____地址在世界上是独一无二的，不存在两个不同设备拥有相同地址的情况。
4. ARP 协议用于实现_____到_____的映射。
5. _____协议是一种提供有关 IP 数据报文传递出现故障问题而反馈信息的机制。

三、简述题

1. 某单位申请到一个 B 类 IP 地址，其网络标识(Net-id)为 130.53，现进行子网划分，若选用的子网掩码为 255.255.224.0，则可划分为多少个子网？每个子网中的主机数最多为多少台？请列出全部子网地址。
2. 简述 TCP 连接的建立过程，并写出重点标志位的值。
3. 一个 C 类网络的子网掩码为 255.255.255.248，请问该网络能够连接多少台主机？

工作场景 3　配置网络通信参数

场景引入：

某农业产业园新入职一位网络工程技术人员，该员工负责该产业园的网络规划、实施和维护，根据网络管理工作的要求，需要该员工掌握数据通信技术，包括数据通信的基本概念、数据通信系统模型、数据传输方式、多路复用技术、数据交换技术和差错控制技术，能够完成农业产业园内网络设备的通信参数配置。

知识目标：

- 理解并掌握数据通信的基本概念和系统的组成。
- 理解并掌握多路复用技术。
- 理解并掌握数据交换技术。
- 理解并掌握差错控制技术。
- 了解数据通信方式。

能力目标：

- 具备差错控制奇偶检验码、CRC 校验码的计算能力。
- 具备数据传输质量主要指标计算的能力。
- 具备网络设备的通信参数配置的能力。

素质目标：

- 自觉提高独立分析问题、解决问题的能力，养成良好的思维习惯。
- 保持实事求是的科学态度，乐于通过实践检验、判断各种技术问题。

思维导图：

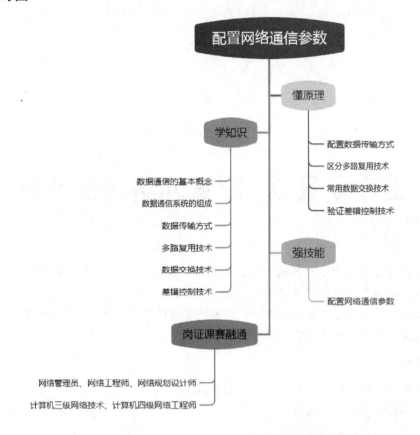

工作任务 1　认识数据通信系统

在计算机网络中，数据通信系统是指通过数据电路将分布在远地的数据终端设备与计算机系统连接起来，实现数据传输、交换、存储和处理的系统。数据通信中，数据在计算机系统中是以二进制信息单元 0、1 的形式表示的。

3.1.1　数据通信的基本概念

1. 信息

信息是人们之间传递或交换的内容，它涵盖各种形式，包括文字、图像、声音、符号等。在现代科技和通信领域，信息经常与数据和通信技术联系在一起，从而实现了更高效的信息传递和处理。

2. 数据

数据是指收集、记录或表示事实、数字、事物状态或其他信息的原始、未加工的描述性内容。它可以是定量或定性的，也可以是数字、文本、图像、声音等各种形式。数据通常用于分析、研究、存储和传递信息。

3. 信号

信号是指在不同时间内随着某种变化而传递的信息或者能量的波动。信号可以是物理量的变化，比如电压、声音、光强等，也可以是抽象的符号，如文字、图像、手势等。信号可以传递信息，用于交流、控制和传输数据。

在通信和工程领域，信号被广泛应用。根据传递的方式和特点，信号可以分为模拟信号和数字信号。模拟信号是连续变化的信号，如图 3-1(a)所示。例如，声音的波形就是模拟信号。数字信号是指用离散状态(即"二进制信号")表示的信号，如图 3-1(b)所示。例如，计算机中处理的二进制代码就是数字信号。

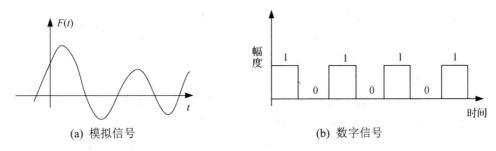

图 3-1 模拟信号和数字信号

在特定情况下，模拟信号和数字信号可以互相转换。模拟信号可经过采样、量化、编码等步骤变为数字信号，而数字信号则可通过解码、平滑等步骤还原为模拟信号。

知识小贴士

数据是信息的载体，信息涉及数据的内容和解释，信号则是数据在传输过程中的电磁波表现形式。

3.1.2 数据通信系统模型

1. 数据通信系统的组成

数据通信系统主要由发送、传输和接收三部分组成。具体来说，数据通信系统主要由信源、信号变换器、信道、信宿等组成，如图 3-2 所示。

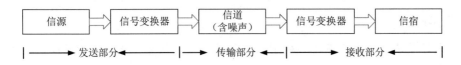

图 3-2 数据通信系统模型

1) 信源

信源是将信息转化为信号的设备，即信息产生的地方，比如说话的人、摄像机、计算机等。

2) 信号变换器

信号变换器是数据通信系统的重要组成部分，它用于将数字基带信号转换为适合于信道传输的模拟信号，或将在信道中传输的模拟信号转换为可被信宿接收的数字信号。

3) 信道

信道是信号的传输媒介。在数据通信系统中,信道是指传输信号的通道。在有线信道中,它是由电缆或光纤构成的;在无线信道中,它是指空间。

4) 噪声

在实际通信中,数据通信系统不可避免地存在着噪声干扰,这些噪声的产生可能是源于外部或者传输过程本身。

5) 信宿

信宿是数据通信系统的接收端,接收由信源发送的信息。

2. 数据通信系统的性能指标

数据通信系统的数据传输速率大小和传输质量好坏,通常用信道带宽、波特率、比特率、信道容量和误码率等几个技术指标来衡量。

1) 信道带宽

信道带宽是指数据传输系统中信号所占有的频带,即信道能够通过的最大信号频率与最小信号频率之差,单位为赫兹,记作 Hz。例如,一个信道允许的通带为 2kHz 至 15kHz,其带宽为 13kHz。

2) 波特率

波特率又称码元速率或调制速率,即单位时间内传输的码元个数(波形个数),单位为波特,记作 Bd。例如,如果传输 1 码元的时间为 200ms,则每秒可传输 5 个码元,那么波特率就是 5Bd。波特率的计算公式为:

$$B = 1/T$$

式中,T 是一个波形持续的周期。

3) 数据传输速率

数据传输速率又称比特率。在数据通信系统中,比特率是指单位时间(每秒)内传输的信息量,即每秒能传输的二进制位数,单位为比特/秒,记作 bit/s 或 bps。比特率越高,则传送的数据越大,速度越快。比特率的计算公式为:

$$S = B\log_2 N$$

式中,B 是波特率,N 是一个波形代表的有效状态数。显然,对于二进制码元,$N = 2$,波特率与比特率在数值上相等,但单位不同,即二者代表的意义不同。

知识小贴士

波特是计量单位,用于量度调制解调器等设备每秒信号变化次数的多少,并不代表传输数据的多少。

码元是携带信息的数字单位,是指在数字信道中传送数字信号的一个波形符号,即时间轴上的一个信号编码单元。码元可能是二进制的,也可能是多进制的。

比特是"信息量"的计量单位,1 位二进制数所携带的信息量为 1bit。例如,10010110 是 8 位二进制数字,所携带的信息量为 8bit。

4) 信道容量

信道容量是指在一定的带宽和信噪比条件下，通过某种编码方案实现无差错传输时可以达到的最大传输速率。它是一个上界，表示了信道的最大信息传输能力，不受信源分布的影响，只与信道的统计特性相关。

5) 误码率

误码率是指在规定条件下接收到的码元中有差错的码元个数占传送总码元的百分比。

6) 信噪比

信噪比(Signal-to-Noise Ratio，SNR)是指信号功率与噪声功率之比。信噪比越高，表示信号质量越好，越不容易受到干扰或噪声的影响。因此，提高信噪比是数据通信系统的一个重要目标。

7) 时延

时延是衡量网络性能的重要指标。它是指从发送端将信息发出到接收端收到信息的时间间隔。在数据通信系统中，时延通常以毫秒(ms)为单位来表示。

岗课赛证融通

设信道带宽为 3400Hz，采用 PCM 编码，采样周期为 125μs，每个样本量化为 128 个等级，则信道的数据传输速率为(　　)。(选自网络工程师认证考试真题)

A. 10kbps　　　　B. 16kbps　　　　C. 56kbps　　　　D. 64kbps

工作任务 2　配置数据传输方式

数据传输就是按照一定的规程，通过一条或者多条数据链路将数据从数据源传输到数据终端，它的主要作用是实现点与点之间的信息传输与交换。一个好的数据传输方式可以提高数据传输的实时性和可靠性。

3.2.1　单工、半双工和全双工通信

根据数据在信道上传输方向与时间的关系，数据通信方式分为单工通信、半双工通信和全双工通信。

1. 单工通信

单工通信又称单向通信。在单工通信中，两数据站之间只能沿一个指定的方向进行数据传输，如图 3-3 所示。例如，远程数据收集系统，如气象数据的收集就采用单工传输，在这种数据收集系统中，大量数据只需要从一端传送到另一端。

2. 半双工通信

半双工通信又称双向交替通信。半双工通信是两数据站之间可以在两个方向上进行数据传输，但不能同时进行，如图 3-4 所示。半双工通信是一种可以切换方向的单工通信，发

送方和接收方都含有发送器和接收器。对讲机就是典型的半双工通信，一方讲话完，另一方才能对讲。

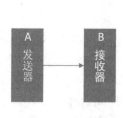

图3-3　单工通信

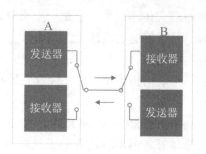

图3-4　半双工通信

3. 全双工通信

全双工通信是指发送和接收在同一信道上同时进行，既可作为发送端又可作为接收端的双向传输方式，如图3-5所示。例如，打电话时，双方可以同时讲话。全双工通信效率高，但结构复杂，成本较高。

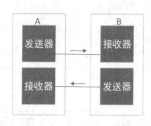

图3-5　全双工通信

知识小贴士

在无线通信领域，全双工通信是指在发射机的天线上同时进行收和发操作。

3.2.2　并行传输和串行传输

数据在信道上传输时，根据数据代码传输的顺序可以分为并行传输和串行传输。

1. 串行传输

串行传输是指将数据一位一位地依次传输，每一位数据占据一个固定的时间长度。只需要一条数据线就可以在系统间交换信息，特别适用于计算机与计算机、外设之间的远距离通信。在计算机中，通常使用8个数据位来表示一个字符，如图3-6所示。

2. 并行传输

并行传输是指将数据以成组的方式在两条以上的并行信道上同时传输。通常将构成一个字符的8位二进制码，分别同时在多个并行的信道上传输，如图3-7所示。

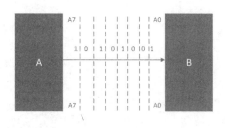
图 3-6 串行传输

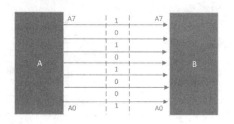
图 3-7 并行传输

并行传输和串行传输的区别如下。

(1) 通信成本不同：并行传输需要更多的线路和接口，成本较高；串行传输只需要一个线路和接口，成本较低。

(2) 效率不同：并行传输效率高，一次可传输多个数据；串行传输一次只能传输一个数据。

(3) 适用场景不同：由于并行通信成本高，因而并行传输适用于短距离传输，相反，串行传输适用于远距离传输，例如计算机与计算机、外设之间的远距离通信。

3.2.3 异步传输和同步传输

数据在信道上传输时，根据实现字符同步方式的不同，数据传输有异步传输和同步传输两种方式。

1. 异步传输

异步传输又称为起止式传输。它以字符作为传输单位，在每一个字符的前后都各增加一个起始位和停止位，用起始位和停止位来指示被传输的字符的开始和结束。在接收端，去除起始位和停止位后剩下的就是被传输的数据，如图 3-8 所示。

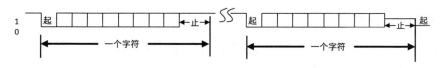

图 3-8 异步传输

异步传输的优点是实现字符同步比较简单，收发双方的时钟信号不需要精确的同步。缺点是每个字符增加了起、止的比特位，降低了信息传输效率，故适用于 1200 bit/s 及其以下的低速数据传输。

2. 同步传输

同步传输是指在数据传输过程中，发送端与接收端的时钟需要完全一致。

同步传输又分为面向字符的同步和面向位的同步，如图 3-9 所示。同步传输的信息格式是一组字符或一个由二进制位组成的数据块(也称为帧)。对这些数据，不需要附加起始位或停止位，而是在发送一组字符或数据块之前先发送一个同步字符 SYN 或一个同步字节(10111001)，用于接收方进行同步检测，从而使收发双方进入同步状态。在同步字符或字节之后，可以连续发送任意多个字符或数据块，发送数据完毕后，再使用同步字符或字节来标识整个发送过程的结束。

同步字符	数据块	校验序列	同步字符
SYN	字符序列	FCS	SYN

(a) 面向字符的同步帧

同步字节	数据块	校验序列	同步字节
10111001	位流	FCS	10111001

(b) 面向位的同步帧

图 3-9 同步传输

同步传输的特点是要求双方时钟严格同步，以数据块为传输单位，没有异步传输的起始位和停止位，附加位比较少，提高了数据的传输速率，缺点是加重了数据通信设备的负担。此外，在传输过程中，若传输的数据中出现与同步字符(或同步字节)相同的数据，需要采用特殊的解决方法；如果一次传输有错，则需要重新传输整个数据块。

岗课赛证融通

在异步通信中，每个字符包含 1 位起始位，7 位数据位，1 位奇偶位和 2 位终止位，每秒传送 100 个字符，则有效数据速率为(　　)。

　　A. 100b/s　　　　B. 500b/s　　　　C. 700b/s　　　　D. 1000b/s

3.2.4　基带传输和频带传输

在数据通信中，要在信道中传输由计算机等设备产生的二进制数字信号，需将其转换成适合传输的数字信号或模拟信号。数字信号在信道中的传输技术分为基带传输和频带传输两类。

1. 基带传输

基带传输是一种最简单最基本的传输方式。基带是原始信号所占用的基本频带。基带传输是指在线路上直接传输基带信号。

基带传输过程简单，设备费用低，但是由于基带信号含有从直流到高频的频率特性，传输时必须占用整个信道，因此信道利用率低。另外，基带传输信号衰减严重，传输的距离受到限制，因此适用于近距离传输的场合。在局域网中通常使用基带传输技术。

在数字通信系统中，为了保证数据传输的正确性，必须对信号进行"编码"，以便在接收端能够正确地还原出原始发送的数据。通常采用以下 3 种编码方法，如图 3-10 所示。

1) 非归零编码

编码规则：高电平对应于"1"，低电平对应于"0"。非归零编码无法判断一个码元的开始和结束，以至于收发双方难以保持同步。假设要发送的二进制数据为 10110001，则非归零编码后如图 3-10(a)所示。

2) 曼彻斯特编码

编码规则：在每个时钟周期内产生一次跳变，由高电位向低电位跳变时，代表"0"；由低电位向高电位跳变时，代表"1"，如图 3-10(b)所示。

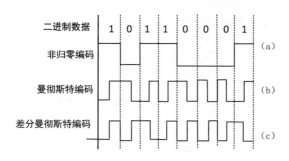

图 3-10 基带传输常用编码

曼切斯特编码的优点是收发双方可以根据自带的"时钟"信号来保持同步,无须专门传递同步信号,因此这种编码方法通常用于局域网传输。

3) 差分曼彻斯特编码

编码规则:当前比特位的取值由开始的边界是否存在跳变而定,开始边界有跳变表示"0",无跳变表示"1",如图 3-10(c)所示。每个比特位中的跳变仅用作同步信号。

岗课赛证融通

曼彻斯特编码的特点是( )。(选自网络工程师认证考试真题)
A. 在"0"比特的前沿有电平翻转,在"1"比特的前沿没有电平翻转
B. 在"1"比特的前沿有电平翻转,在"0"比特的前沿没有电平翻转
C. 在每个比特的前沿有电平翻转
D. 在每个比特的中间有电平翻转

---

2. 频带传输

频带传输是一种采用调制解调技术的传输形式。在发送端,通过调制器对数字信号进行某种变换,将代表数据的二进制"1"和"0",变换成具有一定频带范围的模拟信号,以适应在模拟信道上传输,如图 3-11 所示;在接收端,通过解调器进行相反变换,把模拟的调制信号复原为数字信号"1"或"0"。这种利用模拟信道实现数字信号传输的方法称为频带传输。

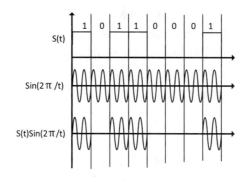

图 3-11 数模转换过程

在全双工通信过程中，使用了一种调制解调器，该设备同时具备调制和解调功能，如图 3-12 所示。

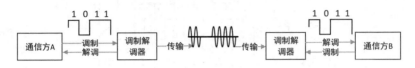

图 3-12　频带传输

知识小贴士

调制与解调是数据通信系统中的关键技术，用于在发送端将原始信号转换为适合传输的信号，以及在接收端将传输信号还原为原始信号。

调制技术可以分为模拟调制和数字调制两种类型。模拟调制适用于连续信号，常见的模拟调制技术有调幅(AM)、调频(FM)和调相(PM)等。数字调制则是将离散的数字信号转换为连续的调制信号，常见的数字调制技术有脉冲编码调制(PCM)、相移键控调制(PSK)、正交幅度调制(QAM)等。

脉冲编码调制技术的实现包括采样、量化和编码 3 个步骤。

工作任务 3　区分多路复用技术

在数据通信系统中，采用多路复用技术可以将多路信号组合在一条物理信道上进行传输，到接收端再用专门的设备将各路信号分离开来，极大地提高通信线路的利用率。

常见的多路复用技术包括频分多路复用、时分多路复用、波分多路复用和码分多路复用，其中最常用的是频分多路复用和时分多路复用。

3.3.1　频分多路复用

在通信系统中，信道所能提供的带宽往往要比传送一路信号所需的带宽宽得多。因此，一个信道只传输一路信号是非常浪费的。为了充分利用信道的带宽，进而提出了信道的频分多路复用概念。

频分多路复用(Frequency Division Multiplexing，FDM)是一种按频率来划分信道的复用方式。在 FDM 中，信道的带宽被划分为多个不重叠的频段(子信道)，每路信号占据其中一个子信道，并且各路之间必须留有未被使用的频带进行隔离，以防止信号重叠。在接收端，使用适当的带通滤波器可将多路信号分开。

频分多路复用主要用于模拟信号的多路传输，如多路载波电话系统以及调频立体声广播，也可以用于数字信号。

如图 3-13 所示的是电话系统。调制前的信号是标准频带 0.3kHz～3.4kHz，经过频率变换，使每路电话信号各占用 4kHz 的带宽，然后将三路电话信号搬到频谱的不同位置，形成 12kHz 的频分多路复用信号。当信号到达接收端后，接收端通过带通滤波器将多路信号分离。因此，信道的带宽越大，容纳的电话路数就会越多。

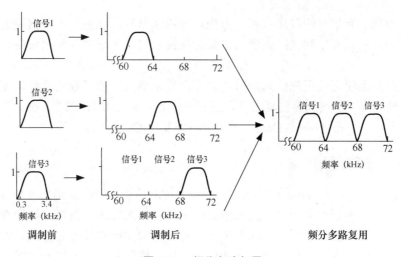

图 3-13 频分多路复用

3.3.2 时分多路复用

时分多路复用(Time Division Multiplexing, TDM)是按时间划分不同的信道，每一个时分复用的用户在每一个 TDM 帧中占用固定序列号间隙，复用的所有用户在不同时间占用同样的频带带宽。

频分多路复用是出于单一数据无法占用整条带宽，浪费了信道资源考虑的。而时分多路复用则是出于单个用户不可能总是有数据在传输，也有无数据传输的空闲时段来考虑的，将信息传输过程划分为一个个时间片，而时间片又划分为更小的时隙，每个时隙对应一个用户的传输，这样就可以使每个时间片中总有一个或多个时隙在传输数据，以此提高信道利用率，如图 3-14 所示。

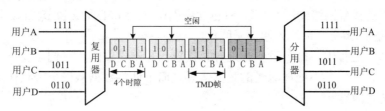

图 3-14 时分多路复用

注意，从图 3-14 中可以看出，当某用户暂时无数据发送时，在 TMD 帧中，分配给该用户的时隙只能处于空闲状态，其他用户即使一直有数据要发送，也不能使用这些空闲的时隙，这就会降低线路的利用率。

统计时分多路复用(Statistic Time Division Multiplexing, STDM)是一种改进的时分复用技术。STDM 帧不是固定分配时隙，而是按需动态地分配时隙。因此，统计时分复用可以提高线路的利用率。

3.3.3 波分多路复用

波分多路复用(Wave Division Multiplexing, WDM)是光的频分复用，即在一根光纤上传输多个波长不同的光信号的复用技术。首先，利用波分复用设备将不同信道的信号调制成不同波长的光，然后复用到光纤信道上，最后在接收端又采用波分复用设备分离不同波长的光。

波分多路复用使用一根光纤来同时传输多个频率很接近的光载波信号，使得光纤的传输能力成倍地提高。除波分多路复用外，还有光频分多路复用(OFDM)、密集波分多路复用(DWDM)、光时分多路复用(OTDM)、光码分多路复用(OCDM)技术等。

3.3.4 码分多路复用

码分多路复用(Code Division Multiplexing，CDM)是靠不同的编码来区分各路原始信号的一种复用方式，主要和各种多址技术结合产生各种接入技术，包括无线和有线接入。移动通信系统是一个多信道同时工作的系统，具有广播和大面积覆盖的特点。在移动通信环境的电波覆盖区内，建立用户之间的无线信道连接，使用的是多址接入方式，属于多址接入技术。

知识小贴士

多路复用指的是复用信道，即利用一个物理信道同时传输多个信号，以提高信道利用率，使得一条线路能同时由多个用户使用而互不影响。

工作任务4 比较常用数据交换技术

3.4.1 数据交换技术

数据交换技术是实现网络边缘的主机在大规模网络核心进行数据交换的基础。其中，网络边缘是指连接到网络的所有端设备(包含主机)，网络核心是交换节点(如路由器)及传输介质(通信链路)的集合，也称为通信子网。

在数据通信过程中，每个设备都进行直接连接是不现实的，它们需要一些中间节点来进行数据中转，它们并不处理流经的数据，只是简单地将数据从一个节点传送给另一个节点，直至到达目的地。

3.4.2 常见的数据交换技术

1. 电路交换

电路交换(Circuit Switching)又称为"线路交换"，是一种面向连接的服务。电路交换的通信过程包括线路建立、数据传输和线路释放 3 个过程。电路交换是根据交换机结构原理实现数据交换，其主要任务是把要求通信的输入端与被呼叫的输出端接通，即由交换机负责在两者之间建立起一条物理通路。在完成接续任务之后，双方通信的内容和格式等均不受交换机的制约。

电话系统就是采用了电路交换技术，通过一个一个交换机中的输入线与输出线的物理连接，在呼叫电话和接收电话间建立了一条物理线路。通话双方可以一直占有这条线路通话。通话结束后，这些交换机中的输入线与输出线断开物理线路，实现线路释放。

电路交换的特点如下。

(1) 独占性：建立连接为专用电路，即使站点之间无任何数据可以传输，整个线路也不允许其他站点共享，不会与其他通信发生冲突，造成信道利用率低。

(2) 实时性好：一旦电路建立，通信双方的所有资源(包括线路资源)均用于本次通信，并以固定速率传输数据。除了少量的传输延迟之外，不再有其他延迟，具有较好的实时性。

2. 报文交换

报文交换(Message Switching)是一种存储转发技术。报文交换的基本思想是先将用户的报文存储在交换机的存储器中，当所需要的输出电路空闲时，再将该报文发送给交换机或用户终端，所以，报文交换系统又称"存储-转发"系统。实现报文交换的过程如下。

(1) 若某用户有发送报文需求，则需要先把拟发送的信息加上报文头，包括目标地址和源地址等信息，并将形成的报文发送给交换机。当交换机中的通信控制器检测到某用户线路有报文输入时，则向中央处理机发送中断请求，并逐字把报文送入内存器。

(2) 中央处理机在接到报文后可以对报文进行处理，如分析报文头、判别和确定路由等，然后将报文转存到外部大容量存储器，等待一条空闲的输出线路。

(3) 一旦线路空闲，就再把报文从外存储器调入内存储器，由通信控制器将报文从线路发送出去。

与电路交换不同的是，报文交换采用"存储-转发"方式进行传送，无需事先建立线路，事后更无需拆除。它的优点是：线路利用率高、故障的影响小、可以实现多目的报文；缺点是：延迟时间长且不定、对中间节点的要求高、通信不可靠、失序等。因此，报文交换不适用于交互式数据通信。此外，当报文传输发生错误时，必须重传整个报文。

3. 分组交换

分组交换又称报文分组交换，或包交换，也是一种存储转发技术。在报文交换中，报文的长度不确定，交换设备的存储器容量大小如果按最长的报文计算，显然不经济。如果利用交换设备的外存容量，则内外存间变换数据会增加报文处理的时间。分组交换中，将报文分解成若干段，每一段报文加上交换时所需的地址、控制和差错校验信息，按规定的格式构成一个数据单位，通常被称为"报文分组"或"包"。

分组交换根据其通信子网向端点系统提供的服务，还可进一步分为面向连接的虚电路方式和无连接的数据报方式。

1) 数据报分组交换

在数据报分组交换中，每个数据分组又称为数据报。数据报在传输过程中按照不同的路径到达目的节点。因此，接收端收到的数据报的顺序与发送顺序不同，需要按照报文分组顺序将这些数据报组合成完整数据。

2) 虚电路分组交换

虚电路方式试图将数据报方式与电路交换方式结合起来，充分发挥两种方法的优点，以达到最佳的数据交换效果。在分组发送之前，要求在发送方和接收方之间建立一条逻辑上相连的虚电路，并且连接一旦建立，就固定了虚电路所对应的物理路径。因此，接收端收到的数据分组的顺序与发送顺序是相同的。

3.4.3 三种交换技术的比较

图 3-15 所示为电路交换、报文交换和分组交换三种交换技术的比较。从图 3-15 可以看到，电路交换直接一次传输全部数据，报文交换以报文作为传送单元，分组交换以更小的分组作为传送单元。报文交换与分组交换同属于存储转发式交换。

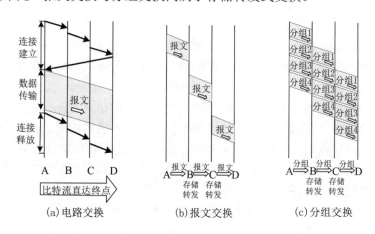

图 3-15 三种数据交换技术的比较

电路交换与存储转发式交换的区别，主要体现在以下几方面。

(1) 存储转发式交换中多个分组可以共享信道，线路利用率高，而电路交换使用的是专用电路，利用率低。

(2) 存储转发式交换具有差错校验功能，可靠性高。

(3) 存储转发式交换可以动态选择路由，确定最佳路径。

报文交换与分组交换的区别，主要体现在以下几方面。

(1) 分组交换的颗粒度比报文交换更小，将报文拆分成了组。

(2) 报文交换中的同一报文经过统一的路径到达目的交换机；分组交换中报文被拆分成分组，各个分组可能经过不同的路径到达终点。

(3) 分组交换相对于报文交换多了拆分和重组的开销。

电路交换、报文交换和分组交换三种交换技术的特点比较如表 3-1 所示。

表 3-1 三种交换技术的比较

交换技术	优点	缺点
电路交换	(1) 通信时延小 (2) 有序传输 (3) 无冲突 (4) 适用范围广 (5) 实用性强 (6) 控制简单	(1) 建立连接时间长 (2) 线路独占，使用效率低 (3) 灵活性差 (4) 难以规格化(通信双方必须使用同规格设备)

续表

交换技术	优点	缺点
报文交换	(1) 无需建立连接 (2) 动态分配线路 (3) 提高线路可靠性 (4) 提高线路利用率 (5) 提供多目标服务	(1) 引起转发时延 (2) 需要较大存储缓存时间 (3) 需要传输额外的信息量(目标地址、源地址等)
分组交换	(1) 无需建立连接 (2) 线路利用率高 (3) 简化了存储管理 (4) 加速传输 (5) 减少出错率和重发数据量	(1) 引起转发时延 (2) 需要传输额外的信息量(目标地址、源地址等) (3) 对于数据报服务，存在失序、丢失或重复分组的问题；对于虚电路服务，存在呼叫建立、数据传输和虚电路释放三个过程

> **岗课赛证融通**
>
> 与电路交换方式相比，分组交换方式的优点是(　　)。(选自网络工程师认证考试真题)
> A. 信道利用率高　　B. 实时性好　　C. 容易实现　　D. 适合多媒体信息传输

工作任务 5　验证差错控制技术

差错控制(Error Control)技术是在数字通信中利用编码方法对传输中产生的差错进行控制，以提高数字信息传输的准确性。

3.5.1　产生差错的原因

在通信过程中，产生的差错是由多种原因造成的。差错大致可分为两类：一类是由热噪声引起的随机差错；另一类是由冲击噪声引起的突发差错。其中，突发差错影响局部，而随机差错影响全局。

热噪声是随机的、连续的、由设备内部产生的信号。它不是由任何外部输入引起的，而是由于电子器件内部的自发辐射而产生的。

冲击噪声是指由于电路或系统的瞬态特性引起的，表现为电压或电流的突然变化。这种变化可能是由外部干扰、开关动作或其他因素引起的，它通常会形成随机信号，对数字通信系统造成影响。

知识小贴士

信号衰减、信号失真、码间干扰、码内干扰、网络堵塞等因素也会使数据传输产生差错。

3.5.2 差错控制编码

在数据通信中，为了提高通信质量，通常采用差错控制编码对传输数据进行校验，便于接收端进行纠错。常用的校验码有奇偶校验码和循环冗余码。

1. 奇偶校验码

奇偶校验码是对数据传输正确性的一种校验方法。在数据传输前附加一位奇校验位，用来表示传输的数据中 1 的个数是奇数还是偶数，为奇数时，校验位置为 0，否则置为 1，用以保持数据的奇偶性不变。

冗余位取值举例如表 3-2 所示。例如，当原始码为 1011000，采用奇校验时，冗余位取值为 0；采用偶校验时，冗余位为 1。当接收端收到的数据出现一位错误时(如 10110100)，奇校验就可以检查出错误；但是若接收端收到的数据中有两位出错(如 10110110)，此时奇校验就无法检查出错误。

表 3-2 冗余位取值

原始码	奇校验(奇数个 1)	偶校验(偶数个 1)
1011000	10110000	10110001
1010000	10100001	10100000

奇偶校验码的特点：若原始数据出现奇数位错误时，将检测出错误；若原始数据出现偶数位错误时，将检测不出错误。因此，奇偶校验只能用于通信要求较低的环境，且只能检测错误，无法确认错误位置及纠正错误。

2. 循环冗余码

循环冗余码(Cyclic Redundancy Code，CRC)是一种数据传输检错码。它通过对数据进行多项式计算，并将得到的结果附加在帧的后面，接收设备同样采用相同的算法对其校验，以保证数据传输的正确性和完整性。

CRC 将整个数据块当作一串连续的二进制数据，把各位看成是一个多项式的系数，则该数据块就和一个 n 次多项式 $M(X)$ 相对应。例如，信息码 1011 对应的多项式为

$$M(X) = X^3 + X^1 + X^0$$

CRC 在发送端编码和接收端校验时，可以利用事先约定的生成多项式 $G(X)$ 来计算冗余码。CRC 中使用的生成多项式由协议规定，目前国际标准中常用的 $G(X)$ 包括以下几种。

CRC-12：$G(X) = X^{12} + X^{11} + X^3 + X^2 + X + 1$

CRC-16：$G(X) = X^{16} + X^{15} + X^2 + 1$

CRC-CCITT：$G(X) = X^{16} + X^{12} + X^5 + 1$

CRC-32：$G(X) = X^{32} + X^{26} + X^{23} + X^{22} + X^{16} + X^{12} + X^{11} + X^{10} + X^8 + X^7 + X^5 + X^4 + X^2 + X + 1$

CRC 编码步骤如下(设 r 为生成多项式 $G(X)$ 的阶)：

步骤 1：在原信息码后面附加 r 个 "0"，得到一个新的多项式 $M'(X)$(也可看成二进制数)。

步骤 2：用模 2 除法求 $M'(X)/G(X)$ 的余数，此余数就是冗余码。

步骤 3：将冗余码附加在原信息码后面即为最终要发送的信息码。

例如，假设准备发送的数据信息码为 10110011，选择生成的多项式为 $G(X) = X^4 + X^3 + 1$，计算使用 CRC 后最终发送的信息码。

解：(1) $G(X) = X^4 + X^3 + 1$，故 $r = 4$，在原信息码后面附加 4 个"0"，因此 $M'(X) = 101100110000$。

(2) $G(X) = 11001$，用模 2 除法求 $M'(X)/G(X)$ 的余数，得到冗余码 0100。

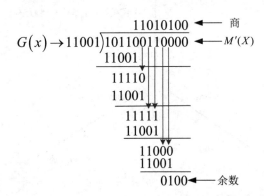

注意：模 2 运算是一种二进制算法，是 CRC 校验技术中的核心部分。与四则运算不同的是，模 2 运算不考虑进位和借位。模 2 除法等同于按位异或，要保证每次除完首位都为 0，才能进行右移；计算时每次右移一位，当被除数的位数小于除数时，其为余数。

(3) 将冗余码直接附加在原信息码后面，得到最终要发送的信息码为 101100110100。

岗课赛证融通

在采用 CRC 校验时，若生成多项式为 $G(X) = X^5 + X^2 + X + 1$，传输数据为 1011110010101 时，生成的帧检验序列为(　　)。(选自网络工程师认证考试真题)
A. 10101　　　　B. 01101　　　　C. 00000　　　　D. 11100

学习任务工单　认识网络设备通信参数

姓名		学号		专业	
班级		地点		日期	
成员					

1. 工作要求

(1) 熟悉 eNSP 网络模拟器。

(2) 理解网络通信参数。

(3) 掌握网络设备通信参数信息。

2. 任务描述

农业产业园网络工程技术人员为了理解网络通信参数在网络设备上的体现，在 eNSP 上做了一个简单的实验，对应的网络拓扑如图 3-16 所示。

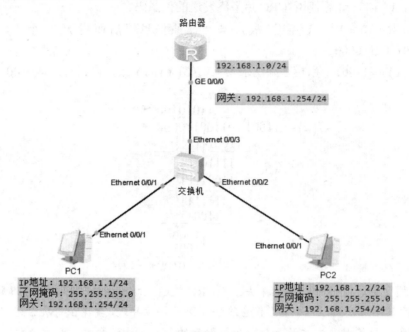

图 3-16　网络通信参数验证拓扑

3. 任务步骤

步骤 1：根据拓扑图中的信息，确定传输的是模拟信号还是数字信号，使用的是基带传输技术还是频带传输技术。

步骤 2：拓扑图中，若 PC1 给 PC2 发送数据，确定信源、信宿和通信信道。

步骤 3：根据拓扑图中的信息，请指出主机(PC1、PC2)与交换机之间的数据传输速率，以及交换机和路由器之间的数据传输速率。

步骤 4：路由器 GigabitEthernet0/0/0 端口的部分信息如下。

```
Speed : 1000, Loopback: NONE
Duplex: FULL, Negotiation: ENABLE
```

根据信息，请说明该端口的最大传输速率和数据通信方式(单工、半双工和全双工)。

步骤 5：拓扑图中，路由器可以根据网络通信需要插入通信接口卡，某接口卡的信息如图 3-17 所示。

图 3-17　某接口卡信息

请根据图 3-17 中显示的信息，说明该接口卡的传输方式(同步、异步)。

步骤 6：确定拓扑图中所使用的数据交换技术。

步骤 7：查阅资料，确定 PC1 和 PC2 之间通信时采用的差错控制技术。

4．讨论评价

(1) 任务中的问题：

(2) 任务中的收获：

教师审阅：

学生签名：
日　　期：

工单评价

国家综合布线工程验收规范制定工单评价标准(GB 50312—2007)

考核项目	考核内容	操作评价	
		满分	得分
通信参数	正确描述拓扑图中的信号类型、基带/频带传输类型	20	
	正确描述拓扑图中的通信系统模型	10	
	正确描述拓扑图中的通信速率	20	
	正确描述拓扑图中的数据通信方式	10	
	正确描述拓扑图中的数据传输方式	20	
差错控制技术	给出正确差错控制技术	20	
合计			

知识和技能自测

| 学号： | 姓名： | 班级： | 日期： | 成绩： |

一、选择题

1. 计算机网络通信系统是( )。
   A. 电信号传输系统　　　　　　　　B. 文字通信系统
   C. 信号通信系统　　　　　　　　　D. 数据通信系统
2. 通过分割线路的传输时间来实现多路复用的技术被称为( )。
   A. 频分多路复用　　　　　　　　　B. 波分多路复用
   C. 码分多路复用　　　　　　　　　D. 时分多路复用
3. 半双工典型的例子是( )。
   A. 广播　　　　　B. 电视　　　　　C. 对讲机
4. 在同步时钟信号作用下使二进制码元逐位传送的通信方式称为( )。
   A. 模拟通信　　　B. 无线通信　　　C. 串行通信　　　D. 并行通信
5. 将一条物理信道按时间分成若干时间片轮换地给多个信号使用，每个时间片由一个信号占用，这样可以在一条物理信道上传输多个数字信号，这是( )。
   A. 频分多路复用　　　　　　　　　B. 时分多路复用
   C. 空分多路复用　　　　　　　　　D. 频分与时分混合多路复用
6. 如果要求数据在网络中的传输时延最小，应选用( )交换方式。
   A. 电路交换　　　B. 分组交换　　　C. 报文交换　　　D. 信元交换
7. 在通信过程中，产生差错的原因主要有( )两种。
   A. 热噪声和冲击噪声　　　　　　　B. 冷噪声和冲击噪声
   C. 热噪声和冷噪声

二、填空题

1. _____是指信道传输信息的最大能力，通常用信息速率来表示，单位时间内传送的比特数越多，表示信道容量越大。
2. 一条传输线路能传输 1000Hz～3000Hz 的信号，则该线路的带宽为_____Hz。
3. 数据通信的传输方式可分为_____和_____，其中计算机主板的总线是采用_____进行数据传输的。
4. 网络中的通信在直接相连的两个设备间实现是不现实的，通常要经过中间节点将数据从信源逐点传送到信宿。通常使用的三种交换技术是_____、_____和_____。
5. _____技术是指利用一个信道同时传输多路信号。

三、简述题

1. 简述数据通信系统的组成。
2. 用于衡量数据通信系统的数据传输速率大小和质量好坏的指标有哪些？

3. 在数据通信中，数据传输方式主要有哪些？它们各自的优缺点是什么？

4. 在数据通信中，主要的数据复用技术有哪些？它们各自的适用范围是什么？

5. 什么是基带传输和频带传输？

6. 分别采用奇校验和偶校验计算下列数据的校验位。

(1) 1011011

(2) 0110101

7. 如果某一数据通信系统采用 CRC 校验方式，要发送的数据比特序列为 11011101，生成多项式 $G(X) = X^4 + X^2 + 1$。如果数据传输过程中没有发生传输错误，那么接收端接收到的带有校验码的数据比特序列是什么？

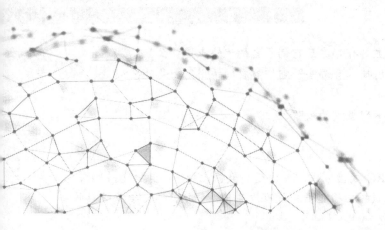

工作场景 4　局域网技术

场景引入：

某农业产业园新入职一位网络工程技术人员，现需要该员工负责对农业产业园中的种植区、养殖区、物流区、农产品加工区、监控区、办公区等多个功能性区域构建相对独立的局域网。传统的子网划分模式的局域网构建很难完成，必须引入更为灵活的 VLAN 划分技术，同时为了提高用户移动性，在产业园内需要运用 WLAN 技术来更改运营方式，实现用户对网络随时随地的访问。

知识目标：

- 熟悉局域网的特点、体系结构、IEEE 802 标准和组网模式。
- 理解并掌握局域网的介质访问控制方法。
- 理解并掌握以太网，尤其是交换式以太网的结构和特点。
- 理解并掌握以太网交换机的工作原理和帧转发方式。
- 理解并掌握快速网络技术，包括快速以太网、千兆以太网和万兆以太网。
- 理解并掌握虚拟局域网和无线局域网技术。

能力目标：

- 掌握交换机的配置方法。
- 掌握 VLAN 的规划及配置方法。
- 掌握 WLAN 二层组网技术。

素质目标：

- 通过了解局域网技术，认同并维护乡村振兴等国家战略，树立正确的价值观。
- 通过 VLAN 的规划配置，养成独立思考的学习习惯，在实践中敢于创新、善于创新。

思维导图：

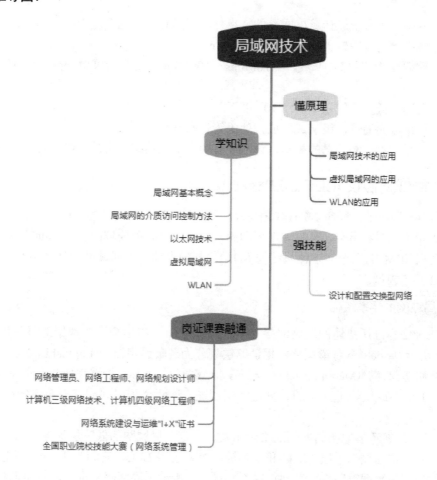

工作任务 1　认识局域网

4.1.1　局域网概述

1. 局域网的定义

局域网(Local Area Network，LAN)是指在较小的地理范围内(一般小于 10 千米)，由计算机或外设连接在一起组成的通信网络。

局域网是局部地区形成的一个区域网络，其特点就是分布地区范围有限，可大可小，大到一栋建筑楼与相邻建筑之间的连接，小到可以是办公室之间的联系。局域网自身相对其他网络传输速度更快，性能更稳定，框架简易，并且是封闭性的，这也是很多机构选择的原因。

局域网是一种私有网络，一般在一座建筑物内或建筑物附近，比如家庭、办公室或工厂。局域网络被广泛用来连接个人计算机和消费类电子设备，使它们能够共享资源和交换信息。当局域网被用于公司时，它们就称为企业网络。

2. 局域网的特点

局域网除了具有一般计算机网络的特点外，还具有以下几个特点。

(1) 网络覆盖范围较小，通常不超过 10km。

(2) 数据传输速率高，一般为 10Mbps～100Mbps。目前 1000Mbps 的局域网已非常普遍。

(3) 误码率低，一般在 10^{-12}～10^{-8} 以下。

(4) 协议较为简单，组网成本低，便于管理和升级。

(5) 一般侧重共享信息的处理，通常没有中央主机系统，而是以终端及各种外设为主。

4.1.2 局域网协议 IEEE 802 标准

美国电气和电子工程师学会(IEEE)是最早从事局域网标准制定的机构。这个机构于 1980 年 2 月成立了 802 委员会，又称 802 课题组，专门从事有关局域网各种标准的研究和制定。该委员会在 IBM 的系统网络体系结构(SNA)的基础上制定出局域网的体系结构，即著名的 IEEE 802 参考模型。

1. 局域网的体系结构

IEEE 802 标准所描述的局域网参考模型只对应 OSI 参考模型的数据链路层和物理层，如图 4-1 所示。局域网参考模型将数据链路层划分为逻辑链路控制(Logical Link Control，LLC)子层与介质访问控制(Media Access Control，MAC)子层。LLC 子层完成与介质无关的功能，而 MAC 子层完成依赖于介质的数据链路层功能，这两个子层共同完成数据链路层的全部功能。

IEEE 802 参考模型从局域网的实际出发，规定了局域网的低三层标准。这三层分别是物理层、介质访问控制子层 MAC 和逻辑链路控制子层 LLC，它相当于 OSI 模型的最低两层，即物理层和数据链路层，其对应关系如图 4-1 所示。局域网标准没有规定高层的功能。因为局域网的绝大多数高层功能是与 OSI 参考模型一致的。

图 4-1　IEEE 802 参考模型

1) 物理层

局域网的物理层与 OSI 参考模型的物理层功能相当，主要涉及局域网物理链路上原始比特流的传输，定义局域网物理层的机械、电气、规程和功能特性。如信号的传输与接收、同步序列的产生和删除等，物理连接的建立、维护、撤销等。物理层由以下 4 个部分组成。

(1) 物理介质(PMD)：提供与线缆的物理连接。

(2) 物理介质连接设备(PMA)：生成发送到线路上的信号，并接收线路上的信号。

(3) 连接单元接口(AUI)。

(4) 物理信号(PS)。

2) MAC 子层

MAC 子层为不同的物理介质定义了不同的介质访问控制方法，其中较为著名的有带冲突检测的载波监听多路访问(CSMA/CD)、令牌环(Token Ring)和令牌总线(Token Bus)。

MAC 子层的另一个主要功能是在发送数据时，将把从上一层接收的数据(LLC 协议数据单元)封装成带 MAC 地址和差错检测字段的数据帧；在接收数据时，将把从下一层接收的帧解封并完成地址识别和差错检测。

3) LLC 子层

LLC 子层也是数据链路层的一个功能子层，它构成了数据链路层的上半部，与网络层和 MAC 子层相邻。LLC 子层在 MAC 子层的支持下向网络层提供服务。

2. IEEE 802 标准

IEEE 802 标准是关于局域网和城域网的一系列标准。常用的 IEEE 802 标准如表 4-1 所示。

表 4-1 常用的 IEEE 802 标准

标　准	说　明
IEEE 802.1	局域网概述、体系结构、网络管理和网络互联
IEEE 802.2	逻辑链路控制 LLC，关于数据帧的错误控制及流控制
IEEE 802.3	以太网标准，包含 CSMA/CD 介质访问控制方法和物理层规范
IEEE 802.4	Token Bus 局域网(令牌总线网)标准，包含令牌总线介质访问控制方法和物理层规范
IEEE 802.5	Token Ring 局域网(令牌环网)标准，包含令牌环介质访问控制方法和物理层规范
IEEE 802.6	MAN(城域网)标准，包含城域网访问方法和物理层规范
IEEE 802.7	宽带技术标准，包括宽带网络介质、接口和其他设备
IEEE 802.8	光纤技术标准，包括光纤介质的使用及不同网络类型技术的使用
IEEE 802.9	综合声音/数据服务的访问方法和物理层规范
IEEE 802.10	网络安全技术，包括网络访问控制、加密、验证或其他安全主题
IEEE 802.11	无线局域网介质访问控制方法和物理层技术规范，包括 IEEE 802.11a、IEEE 802.11b、IEEE 802.11c 和 IEEE 802.11q 标准
IEEE 802.12	定义了 100VG-AnyLAN 规范
IEEE 802.14	定义了电缆调制解调器标准
IEEE 802.15	定义了近距离个人无线网络标准
IEEE 802.16	定义了宽带无线局域网标准
IEEE 802.17	弹性分组环(RPR)工作组
IEEE 802.18	宽带无线局域网技术咨询组
IEEE 802.19	多重虚拟局域网共存技术咨询组
IEEE 802.20	移动宽带无线接入(MBWA)工作组

知识小贴士

从高速、智能化的 Wi-Fi6，到互联互通的智慧城市，IEEE 802 标准的身影无处不在。正如 IEEE 802 标准委员会现任主席 Paul Nikolich 所言："从当地的咖啡馆到国际空间站，IEEE 802 系列标准正在显著地影响着我们的日常生活。如果没有 IEEE 802 系列标准，电子邮件等许多我们日常生活早已离不开的事物，也许不会像现在这样被广泛应用。"

工作任务 2　验证介质访问控制方法

局域网技术的关键问题是当多个节点同时访问介质时如何进行控制，这就涉及局域网的介质访问控制方法。局域网中最常用的介质访问控制方法就是 CSMA/CD。

4.2.1　CSMA/CD 的工作原理

CSMA/CD (Carrier Sense Multiple Access with Collision Detection)，即带有冲突检测的载波侦听多路访问技术。

(1) CS：载波侦听。在发送数据之前进行侦听，以确保线路空闲，减少冲突的机会。

(2) MA：多址访问。每个站点发送的数据，可以同时被多个站点接收。

(3) CD：冲突检测。由于两个站点同时发送信号，信号叠加后，会使线路上电压的摆动值超过正常值一倍，据此可判断冲突的产生。边发送边检测，发现冲突就停止发送，然后延迟一个随机时间之后继续发送。

CSMA/CD 的工作过程如图 4-2 所示。

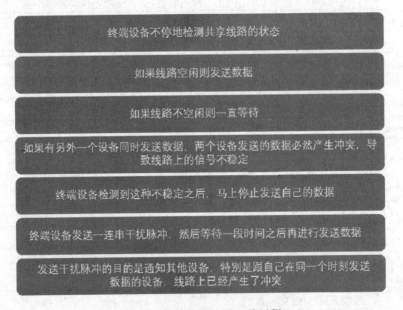

图 4-2　CSMA/CD 的工作过程

检测到冲突后等待的时间是随机的。

4.2.2 以太网交换技术

随着远程教育、在线会议等多媒体应用的不断发展，人们对网络带宽的要求越来越高，传统的共享式局域网(传统以太网、令牌环网)已越来越不能满足人们的要求。在这种情况下，人们提出了将共享式局域网改为交换式局域网，这就导致了交换式以太网的产生。

交换式以太网是指以数据链路层的帧或更小的数据单元(信元)为数据交换单位，以交换设备为基础构成的网络。交换式以太网中的交换设备一般是指交换机。因此，也可以说交换式以太网就是以交换机为核心设备而建立起来的网络。

1. 交换式以太网的基本结构

典型的交换式以太网的结构，其核心设备是以太网交换机(ethernet switch)。以太网交换机有多个端口，每个端口可以单独与一个节点连接，也可以与一个共享式以太网的集线器连接。如果一个端口只连接一个节点，那么这个节点就可以独占 10Mbps 的带宽，这类端口通常称为"专用 10Mbps 端口"。如果一个端口连接一个 10Mbps 的共享式以太网，那么这个端口将被这个共享式以太网的多个节点所共享，这类端口称为"共享 10Mbps 端口"。

交换式以太网从根本上改变了"共享介质"的工作方式，它可以通过支持交换机端口节点之间的多个并发连接，实现多个节点之间数据的并发传输。因此，在交换机各端口之间，帧的转发已不再受 CSMA/CD 的约束。既然如此，其系统带宽也不再是固定不变的 10Mbps 或 100Mbps，而是各个交换机端口的带宽之和。因此，在交换式网络中，随着用户的增多，系统带宽也会不断拓宽，即使是在网络负载较重的情况下，也不会导致网络性能下降。

2. 交换式以太网的特点

交换式以太网主要有以下几个特点。

(1) 允许多对节点同时通信，每个节点独占传输通道和带宽。交换式以太网把"共享"变为"独享"。交换式以太网以交换机为核心设备连接节点或网段，在交换机各端口之间同时可以建立多条通信链路(虚连接)，允许多对节点同时通信，每对节点都可以独享一条数据通道和带宽进行数据帧交换。

(2) 灵活的接口速率。在共享式网络中，不能在同一个局域网中连接不同速率的节点，如 10Base5 不能连接速率为 100Mbps 的节点。而在交换式以太网中，由于节点独享介质和带宽，用户可以按需配置端口速率。在一台交换机上可以配置 10Mbps、100Mbps、10Mbps/100Mbps 自适应、1Gbps 和 10Gbps 不同速率的端口，用于连接不同速率的节点，因此接口速率的配置有极大的灵活性。

(3) 具有高度的网络可扩充性和延展性。大容量交换机有很高的网络扩展能力，而独享带宽的特性使扩展网络没有带宽下降的后顾之忧。因此，交换式网络可用于构建大规模的网络，如大型企业网、校园网或城域网。

(4) 易于管理，便于调整网络负载的分布，带宽利用率高。交换式以太网可以构造"虚拟网络"，用网管软件可以按业务或其他规则把网络节点分为若干逻辑工作组，每一个工作组就是一个虚拟网。虚拟网的构成与节点所在的物理位置无关，这样可以方便地调整网络负载的分布，提高带宽利用率和网络的可管理性及安全性。

(5) 与现有网络兼容。交换式以太网与传统以太网、快速以太网完全兼容，它们能够实现无缝连接。

知识小贴士

CSMA/CD 协议曾经用于各种总线结构以太网和双绞线以太网的早期版本中。现在的以太网基于交换机和全双工连接，不会有碰撞，因此没有必要使用 CSMA/CD 协议。

工作任务 3　配置交换机

4.3.1　以太网交换机

1. 以太网交换机的工作原理

以太网交换机工作在 OSI/RM 的数据链路层。交换机拥有一条很高带宽的背部总线和内部交换矩阵。交换机的所有端口都挂接在这条背部总线上，当数据从一个端口传入交换机后，处理端口会根据所接收到的数据帧中的包头信息，来查找内存中的 MAC 地址表，找出是哪一个目的主机网卡的 MAC 地址与数据帧中 MAC 地址相同，然后根据 MAC 地址表所指示的端口通过内部交换矩阵迅速将数据帧传送到目的端口。如果在 MAC 地址表中找不到目的 MAC，将由数据帧广播到所有的端口，接收端口回应后交换机会"学习"新的地址，并把它添加到内部 MAC 地址表中。使用交换机也可以把网络"分段"，通过对照 MAC 地址表，交换机只允许必要的网络流量通过交换机。通过交换机的过滤和转发，可以有效地减少冲突域。

2. 交换机的基本功能

以太网交换机(Ethernet Switch)有两个主要功能，一是在发送节点和接收节点之间建立一条虚连接，二是转发数据帧。

以太网交换机的具体操作是分析每个接收到的帧，根据帧中的目的 MAC 地址，通过查询一个由交换机建立和维护的表示 MAC 地址与交换机端口对应关系的地址映射表，确定将帧转发到交换机的哪个端口，然后在两个端口之间建立一个连接，提供一条传输通道，将帧转发到目的节点所在的端口，完成数据帧的交换。

知识小贴士

三层交换机就是具有部分路由器功能的交换机。三层交换机的最重要目的是加快大型局域网内部的数据交换，所具有的路由功能也是为这个目的服务的，能够做到一次路由，多次转发。对于数据包转发等规律性的过程由硬件高速实现，而像路由信息更新、路由表维护、路由计算、路由确定等功能由软件实现。三层交换技术就是二层交换技术+三层转发技术。三层交换技术的出现，解决了局域网中网段划分之后，网段中子网必须依赖路由器进行管理的局面，以及传统路由器低速、复杂所造成的网络瓶颈问题。

4.3.2 交换机基础配置

1. 交换机登录方法

通过 Console 口登录交换机是指使用专门的 Console 通信线缆将用户 PC 的串口与交换机的 Console 口相连，在进行相应的配置后实现在本地管理交换机。该方式是登录交换机的最基本方式，也是其他登录方式(如 Telnet、STelnet)的基础，适用于首次登录交换机或无法远程登录交换机的场景。下面以使用第三方软件 SecureCRT 为例进行介绍，该方法适用于所有支持 Console 口的设备。

操作步骤如下。

步骤 1：将 Console 通信电缆的 DB9(孔)插头插入 PC 的串口(COM)中，再将 RJ-45 插头端插入设备的 Console 口中，如图 4-3 所示。

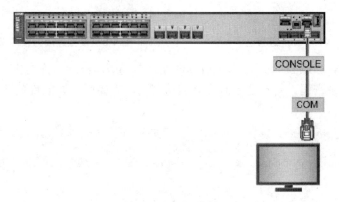

图 4-3 通过 Console 口连接设备

步骤 2：配置终端仿真软件并登录交换机。在 PC 上打开终端仿真软件(以 SecureCRT 为例)，新建连接，设置连接的接口以及通信参数与交换机 Console 口的默认配置相同。Console 口默认配置如表 4-2 所示。

表 4-2 Console 口默认配置

参 数	默认值
传输速率	9600bit/s
流控方式	不进行流控
校验方式	V200R009 及之前的版本，默认不进行校验。V200R010 及之后的版本，默认认证方式为 AAA，用户名为 admin，密码为 admin@huawei.com
停止位	1
数据位	8

步骤 3：新建连接。进入如图 4-4 所示界面，选择"新建连接"选项，单击 Connect 按钮。

步骤 4：设置连接的接口以及通信参数。连接的接口根据实际情况进行选择。例如，在 Windows 系统中，可以通过在"设备管理器"中查看端口信息，选择连接的接口。设置终端仿真软件的通信参数与交换机的默认值保持一致,分别为:传输速率 9600bit/s、8 位数据位、1 位停止位、无校验和无流控。进入如图 4-5 所示界面,选择默认选项,单击 Connect 按钮。

图 4-4　新建连接

图 4-5　设置连接的接口以及通信参数

步骤 5:单击 Connect 按钮,V200R009 及之前的版本终端界面会出现如下显示信息,提示用户配置登录密码。首次登录时没有默认密码,需要用户先配置登录密码。(以下显示信息仅为示意)

```
An initial password is required for the first login via the console.
Continue to set it? [Y/N]: y    //配置登录密码
Set a password and keep it safe. Otherwise you will not be able to login via
the console.

Please configure the login password (8-16)
Enter Password:
Confirm Password:
<HUAWEI>
```

V200R010 及之后的版本会提示用户输入用户名和密码。首次登录时默认的用户名为 admin,密码为 admin@huawei.com,系统提示必须重新设置密码。非首次登录时,以上次登录时设置的用户名和密码为准。(以下显示信息仅为示意)

```
Login authentication
Username:admin
Password:          //输入默认密码 admin@huawei.com
Warning: The default password poses security risks.
The password needs to be changed. Change now? [Y/N]: y    //修改登录密码
Please enter old password:        //输入默认密码 admin@huawei.com
Please enter new password:        //输入新密码
Please confirm new password:      //再次输入新密码
The password has been changed successfully
<HUAWEI>
```

密码为字符串形式,区分大小写,长度范围是 8~16。输入的密码要至少包含两种类型字符,包括大写字母、小写字母、数字及特殊字符。特殊字符不包括"?"和空格。

采用交互方式输入的密码不会在终端屏幕上显示出来。

用户界面密码配置成功后,如果用户没有修改验证方式及验证密码,当用户再次登录设备时，用户验证密码即为初次登录时所配置的验证密码。

此时用户可以输入命令对交换机进行配置，如果需要帮助可以随时输入"?"。

2．配置交换机的基本信息

华为交换机设备提供了丰富的功能，相应地也提供了多样的配置和查询命令。为方便用户使用这些命令，华为交换机按功能分类将命令分别注册在不同的命令行视图下，如图 4-6 所示。配置某一功能时，需首先进入对应的命令行视图，然后执行相应的命令进行配置。设备提供的命令视图有很多，下面提到的视图是最常用的视图，如表 4-3 所示。

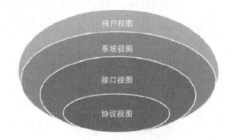

图 4-6 命令视图

表 4-3 常用视图

常用视图名称	进入视图	视图功能
用户视图	用户从终端成功登录至设备即进入用户视图，在屏幕上显示： <HUAWEI>	在用户视图下，用户可以查看运行状态和统计信息等
系统视图	在用户视图下，输入命令 system-view 后按 Enter 键，进入系统视图。 <HUAWEI> system-view Enter system view, return user view with Ctrl+Z. [HUAWEI]	在系统视图下，用户可以配置系统参数以及通过该视图进入其他功能配置视图
接口视图	X/Y/Z 为需要配置的接口的编号，分别对应堆叠 ID/子卡号/接口序号	配置接口参数的视图称为接口视图。在该视图下可以配置接口相关的物理属性、链路层特性及 IP 地址等重要参数

执行 quit 命令，即可从当前视图退出至上一层视图。

例如，执行 quit 命令从系统视图退回到用户视图。

```
[HUAWEI] quit
<HUAWEI>
```

1) 设置日期、时间、时区及名称

由于交换机所处地域的不同，时区的设置也会不同。用户可以根据实际情况，设置系统的时区。以下对于时区的配置仅为示例。

```
<HUAWEI> clock timezone BJ add 08:00:00        //其中BJ为设置的时区名称。08:00:00
表示当地时间是在系统默认的UTC时区基础上加8
<HUAWEI> clock datetime 09:09:00 2022-04-20    //设置当前时间和日期。设置当前时间前，
必须确认所在时区，设置正确的时区偏移时间，以保证本地时间正确
<HUAWEI> system-view
[HUAWEI] sysname HUAWEI       //配置交换机名称为HUAWEI
```

2) 配置管理IP地址和Telnet功能

以下为配置实例。

```
# 配置管理IP地址
[Switch] vlan 100
[Switch-vlan10] interface vlanif 99        //配置VLANIF10作为管理接口
[Switch-Vlanif10] ip address 100.10.10.1 24
[Switch-Vlanif10] quit
[Switch] interface gigabitethernet 0/0/1   //GE0/0/1为使用Web网管登录Switch
的PC与Switch相连的物理接口编号，请按照实际现网情况进行选择
[Switch-GigabitEthernet0/0/1] port default link-type access    //配置接口类型为
access
[Switch-GigabitEthernet0/0/1] port vlan 99    //配置接口GE0/0/10加入VLAN 99
[Switch-GigabitEthernet0/0/1] quit
# 配置Telnet功能
[Switch] telnet server enable         //使用Telnet功能
[Switch] user-interface vty 0 4       //进入VTY 0～VTY 4用户界面视图
[Switch-ui-vty0-4] user privilege level 15   //配置VTY 0～VTY 4的用户级别为15级
[Switch-ui-vty0-4] authentication-mode aaa   //配置VTY 0～VTY 4的用户认证方式为
AAA认证
[Switch-ui-vty0-4] quit
[Switch] aaa
[Switch-aaa] local-user admin999 password irreversible-cipher Huawei@999
//创建名为admin999的本地用户，设置其登录密码为Huawei@999。V200R003之前的版本不支持
irreversible-cipher，仅支持cipher关键字
[Switch-aaa] local-user admin999 privilege level 15    //配置用户级别为15级
[Switch-aaa] local-user admin999 service-type telnet   //配置接入类型为telnet，
即Telnet用户
[Switch-aaa] quit
```

3) 检查配置结果

配置完成后，用户使用Console界面重新登录交换机时，需要输入上述步骤配置的用户名和认证密码才能通过身份验证，成功登录交换机。用户也可以通过Telnet登录交换机。常用检查配置命令如表4-4所示。

表4-4 常用检查配置命令

命　令	功　能
display version	查看交换机基本信息
display interface GigabitEthernet 0/0/0	查看接口状态信息
display ip interface brief	查看全部接口的IP简要信息，含IP地址
display ip routing-table	查看路由表
display current-configuration	查看当前的配置(内存中)
display saved-configuration	查看保存的配置(Flash中)

续表

命　令	功　能
dir flash:	查看 Flash 中的文件
save	保存配置文件
reboot	重启设备

工作任务 4　配置 VLAN

4.4.1　虚拟局域网

1. 虚拟局域网的概念

虚拟局域网(Virtual Local Area Network，VLAN)是指在交换式局域网的基础上，采用网络管理软件构建的可跨越不同网段、不同网络的端到端的逻辑网络。一个 VLAN 组成一个逻辑子网，即一个逻辑广播域，允许处于不同地理位置的网络用户加入同一个逻辑子网中。同时，在同一台交换机上也可以划分多个 VLAN。

在 IEEE 802.1Q 标准中对虚拟局域网是这样定义的：VLAN 是由一些局域网网段构成的与物理位置无关的逻辑组，而这些网段具有某些共同的需求。每一个 VLAN 的帧都有一个明确的标识符，指明发送这个帧的工作站是属于哪一个 VLAN。

2. VLAN 帧格式

VLAN 帧格式类型有两种，即 TAG 和 UNTAG，TAG 是带有 VLAN 标记的以太网帧(Tagged Frame)，UNTAG 是没有带 VLAN 标记的标准以太网帧(Untagged Frame)，如图 4-7 所示。

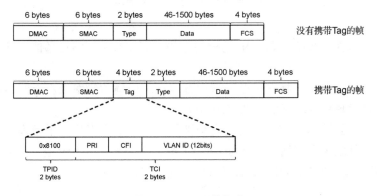

图 4-7　VLAN 帧格式

带有 VLAN 标记的以太网帧中，TAG 标签长度为 4 字节，具体内容说明如下。

(1) TPID(Tag Protocol Identifier)：2 字节，固定取值为 0x8100，是 IEEE 定义的新类型，表明这是一个携带 802.1Q 标签的帧。如果不支持 802.1Q 的设备收到这样的帧，会将其丢弃。

(2) TCI(Tag Control Information)：2 字节，用来表示帧的控制信息，包括以下几个部分。

① PRI(Priority)：3 比特，表示帧的优先级，取值范围为 0~7，值越大优先级越高。当交换机阻塞时，优先发送优先级高的数据帧。

② CFI(Canonical Format Indicator)：1 比特。CFI 表示 MAC 地址是否是经典格式。CFI 的值为 0 说明是经典格式，值为 1 表示为非经典格式，用于区分以太网帧、FDDI(Fiber Distributed Digital Interface)帧和令牌环网帧。在以太网中，CFI 的值为 0。

③ VLAN ID(VLAN Identifier)：12 比特。交换机一般可以划分为 4094 个 VLAN，每个 VLAN 的 ID 可以是 1~4094 之间的任意数字，ID 的作用就是用于区分不同 VLAN，可以设置 TAG 和 UNTAG 的属性，让交换机端口的下行或上行数据帧标记标签。

3. VLAN 在实际网络中的应用

通过对两栋楼互联交换机的配置，可以实现为两栋楼工作的财务部创建 VLAN10，技术部创建 VLAN20，这样不仅实现了部门间的二层广播隔离，还实现了部门跨交换机的二层通信，如图 4-8 所示。

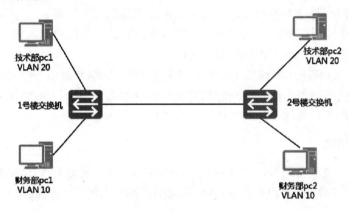

图 4-8 跨交换机的二层通信

VLAN 的优点如下。

(1) 减少网络管理开销。VLAN 为控制这些改变和减少网络设备的重新配置提供了一个有效的方法。

(2) 控制广播活动。广播在每个网络中都存在。广播的频率依赖于网络应用类型、服务器类型、逻辑段数目及网络资源的使用方法。

(3) 提供较好的网络安全性。提高安全性的一个经济实惠且易于管理的技术就是利用 VLAN 将局域网分成多个广播域。因为一个 VLAN 上的信息流(不论是单播信息流还是广播信息流)不会流入另一个 VLAN，从而就可以提高网络的安全性。

岗课赛证融通

以下关于 VLAN 的叙述中，错误的是(　　)。(选自网络工程师认证考试真题)

A. VLAN 把交换机划分成多个逻辑上独立的区域

B. VLAN 可以跨越交换机

C. VLAN 只能按交换机端口进行划分

D. VLAN 隔离了广播，可以缩小广播风暴的范围

4.4.2 VLAN 的基本配置

1. VLAN 的添加与删除

创建 VLAN，可以执行 vlan <vlan-id>命令。

创建多个连续的 VLAN，可以执行 vlan batch { vlan-id1 [to vlan-id2] }命令。

创建多个不连续的 VLAN，可以执行 vlan batch { vlan-id1 vlan-id2 }命令。

案例：为交换机创建 VLAN 2、VLAN 3 和 VLAN 4。

```
[Huawei]vlan 2
[Huawei]vlan batch 3 4
```

例如，执行 vlan 2 命令后，就创建了 VLAN 2，并进入了 VLAN 2 视图。VLAN ID 的取值范围是 1~4094。

2. VLAN 划分

VLAN 划分可以基于接口、MAC 地址、子网、网络层协议、匹配策略方式。不同方式的 VLAN 划分比较如表 4-5 所示。

表 4-5 VLAN 划分方式比较

VLAN 划分方式	原　理	优点、缺点及应用场景
基于接口	根据交换机的接口来划分 VLAN。网络管理员预先给交换机的每个接口配置不同的 PVID，当一个数据帧进入交换机时，如果没有带 VLAN 标签，该数据帧就会被打上接口指定 PVID 的 Tag，然后数据帧将在指定 PVID 中传输	优点： 定义成员简单。 缺点： 成员移动需要重新配置 VLAN。 适用场景： 适用于任何大小但位置比较固定的网络
基于 MAC 地址	根据数据帧的源 MAC 地址来划分 VLAN。网络管理员预先配置 MAC 地址和 VLAN ID 映射关系表，当交换机收到的是 Untagged 帧时，就依据该表给数据帧添加指定 VLAN 的 Tag，然后数据帧将在指定 VLAN 中传输	优点： 当用户的物理位置发生改变时，不需要重新配置 VLAN，提高了用户的安全性和接入的灵活性。 缺点： 需要预先定义网络中的所有成员。 适用场景： 适用于位置经常移动但网卡不经常更换的小型网络，如移动 PC

续表

VLAN 划分方式	原理	优点、缺点及应用场景
基于子网	根据数据帧中的源 IP 地址和子网掩码来划分 VLAN。 网络管理员预先配置 IP 地址和 VLAN ID 映射关系表，如果交换机收到的是 Untagged 帧，就依据该表给数据帧添加指定 VLAN 的 Tag，然后数据帧将在指定 VLAN 中传输	优点： 当用户的物理位置发生改变时，不需要重新配置 VLAN。这样可以减少网络通信量，使广播域跨越多个交换机。 缺点： 网络中的用户分布要有规律，且多个用户在同一个网段。 适用场景： 适用于对安全需求不高、对移动性和简易管理需求较高的场景中。比如，一台 PC 配置多个 IP 地址分别访问不同网段的服务器，以及 PC 切换 IP 地址后要求 VLAN 自动切换等场景
基于网络层协议	根据数据帧所属的协议(族)类型及封装格式来划分 VLAN。 网络管理员预先配置以太网帧中的协议域和 VLAN ID 的映射关系表，如果收到的是 Untagged 帧，就依据该表给数据帧添加指定 VLAN 的 Tag，然后数据帧将在指定 VLAN 中传输	优点： 将网络中提供的服务类型与 VLAN 相绑定，方便管理和维护。 缺点： 需要对网络中所有的协议类型和 VLAN ID 的映射关系表进行初始配置。 需要分析各种协议的格式并进行相应的转换，这样会消耗交换机较多的资源，在速度上稍居劣势。 适用场景： 适用于需要同时运行多协议的网络
基于策略(MAC 地址、IP 地址、接口)	根据配置的策略划分 VLAN，能实现多种组合的划分方式，包括接口、MAC 地址、IP 地址等。 网络管理员预先配置策略，如果收到的是 Untagged 帧，且匹配配置的策略时，给数据帧添加指定 VLAN 的 Tag，然后数据帧将在指定 VLAN 中传输	优点： 安全性高，VLAN 划分后，用户不能改变 IP 地址或 MAC 地址。 网络管理人员可根据自己的管理模式或需求选择划分方式。 缺点： 针对每一条策略都需要手工配置。 适用场景： 适用于需求比较复杂的环境

基于接口划分 VLAN 是最简单、最有效的 VLAN 划分方法。它按照设备的接口来定义 VLAN 成员，将指定接口加入到指定 VLAN 中之后，接口就可以转发该 VLAN 的报文，从而实现 VLAN 内的主机可以直接互访(即二层互访)，而 VLAN 间的主机不能直接互访，将

广播报文限制在一个 VLAN 内。

根据接口需要连接的对象以及允许报文不带 Tag 通过的 VLAN 数(具体可参见"接口类型"),接口可以规划为 Access 接口、Trunk 接口和 Hybrid 接口。

1) Access 接口

交换机内部只处理 Tagged 帧,而 Access 接口连接设备只收发 Untagged 帧,所以 Access 接口需要给收到的数据帧添加 VLAN Tag,也就必须配置缺省 VLAN。配置缺省 VLAN 后,该 Access 接口也就加入了该 VLAN。

当某接口规划为 Access 接口时,接口只需要处理不带 Tag 的报文。为了防止用户私自更改接口用途,接入其他交换设备,可以配置接口丢弃"入方向"为带 Tag 的报文。

2) Trunk 接口

当 Trunk 接口连接设备可同时收发 Untagged、Tagged 帧的设备(比如连接 AP、语言终端设备)时,需要在接口上配置缺省 VLAN,给 Untagged 帧添加 VLAN Tag。

3) Hybrid 接口

当 Hybrid 接口连接 AP、语言终端设备、Hub、用户主机、服务器时,这些设备发送到交换机的报文不带 Tag。需要在接口上配置缺省 VLAN,给报文添加 VLAN Tag。

交换机发出的报文都带 VLAN Tag,但在一些应用场景中,需要将交换机发出的报文剥掉 VLAN Tag。比如在 VLAN Stacking 中,运营商网络的多个 VLAN 的报文在进入用户网络前,需要剥离外层 VLAN Tag。

3. 配置基于端口划分的 VLAN 示例

本示例中的组网配置比较简单,VLAN 划分后,属于不同 VLAN 的用户不能直接进行二层通信,同一 VLAN 内的用户可以直接互相通信。

1) 组网需求

农业产业园拥有多个不同的业务区域,为了提升项目组业务的安全性,要求同一区域内的设备可以相互访问,而不同区域的设备不能相互访问。

如图 4-9 所示,现需要实现同一区域中的员工可以相互访问,不同区域中的员工不可以互相访问。

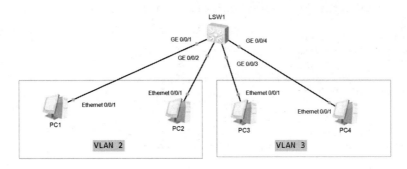

图 4-9 基于端口划分的 VLAN 组网图

2) 配置思路

采用如下思路配置 VLAN。

(1) 创建 VLAN,规划 VLAN。

(2) 配置端口属性，确定设备连接对象。

(3) 关联端口和 VLAN，将 PC1 和 PC2 划分到 VLAN2，将 PC3 和 PC4 划分到 VLAN3，隔离不同部门间的访问。

3) 数据准备

为完成此配置，需准备以下数据。

(1) 交换机连接用户的接口编号。

(2) 划分的 VLAN ID。

4) 操作步骤

(1) 创建 VLAN。

```
<HUAWEI> system-view
[HUAWEI] sysname SW1
[SW1] vlan batch 2 3
```

(2) 配置端口属性。

```
[SW1] interface Gigabitethernet 0/0/1
[SW1-GigabitEthernet0/0/1] undo shutdown
[SW1-GigabitEthernet0/0/1] port link-type access
[SW1-GigabitEthernet0/0/1] quit
[SW1] interface gigabitethernet 0/0/2
[SW1-GigabitEthernet0/0/2] undo shutdown
[SW1-GigabitEthernet0/0/2] port link-type access
[SW1-GigabitEthernet0/0/2] quit
[SW1] interface GigabitEthernet 0/0/3
[SW1-GigabitEthernet0/0/3] undo shutdown
[SW1-GigabitEthernet0/0/3] port link-type access
[SW1-GigabitEthernet0/0/3] quit
[SW1] interface GigabitEthernet 0/0/4
[SW1-GigabitEthernet0/0/4] undo shutdown
[SW1-GigabitEthernet0/0/4] port link-type access
[SW1-GigabitEthernet0/0/4] quit
```

(3) 关联端口和 VLAN。

```
# 向 VLAN2 中加入端口 G0/0/1 和 GE0/0/2。
[SW1]interface g0/0/1
[SW1-GigabitEthernet0/0/1]port default vlan 2

[SW1]interface g0/0/2
[SW1-GigabitEthernet0/0/2]port default vlan 2

# 向 VLAN3 中加入端口 G0/0/3 和 GE0/0/4。
[SW1]interface g0/0/3
[SW1-GigabitEthernet0/0/3]port default vlan 3

[SW1]interface g0/0/4
[SW1-GigabitEthernet0/0/4]port default vlan 3
```

(4) 验证配置结果。

上述配置完成后，执行 display vlan 命令可以查看 VLAN 状态。

```
[SW1] display vlan
The total number of vlans is : 2
VID  Type    Status  Property  MAC-LRN STAT   BC MC UC Description
--------------------------------------------------------------------------------
```

```
2   common  enable  default   enable  disable FWD FWD FWD VLAN 0002
3   common  enable  default   enable  disable FWD FWD FWD VLAN 0003
```

从 VLAN2 内的任一台主机 Ping VLAN3 内的任一台主机,均无法 Ping 通。但是同一 VLAN 内的主机可以互相 Ping 通。

4. 配置 VLAN 内通过 Trunk 链路通信示例

该组网主要用于农业办公区域部门需要跨越不同的办公楼之间的通信,可通过 Trunk 链路连接不同办公楼的中心设备,实现同一部门内业务数据互通。

1) 组网需求

农业产业园拥有多个部门且位于不同的办公楼中,为了提升业务安全性,要求同一部门内员工可以相互访问,而不同部门间员工不能互相访问。

如图 4-10 所示,农业产业园中财务部门(VLAN2)和市场部门(VLAN3)分布在不同的楼宇,现需要部门内员工可以相互访问,但部门间的员工不可以相互访问。

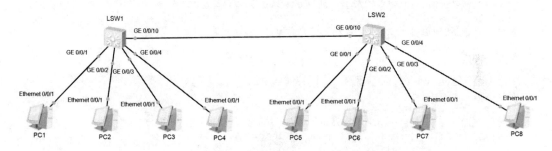

图 4-10　VLAN 内通过 Trunk 链路通信组网图

2) 配置思路

采用如下思路配置 VLAN 内通过 Trunk 链路通信。

(1) 将连接财务部的设备端口划分到 VLAN2,将连接市场部的设备端口划分到 VLAN3,隔离财务部和市场部间的访问。

(2) 将交换机互连的链路配置为 Trunk 类型链路,并允许 VLAN2 和 VLAN3 通过,以实现跨楼宇的部门内员工互相访问。

3) 数据准备

为完成此配置,需准备以下数据。

(1) 交换机连接用户的接口编号。

(2) 交换机间连接的接口编号。

(3) 划分的 VLAN ID。

4) 操作步骤

(1) 将交换机的下行口划分到指定 VLAN。

配置 SW1。

```
<HUAWEI> system-view
[HUAWEI] sysname SW1
[SW1] vlan batch 2 3
[SW1] interface gigabitethernet 0/0/1
[SW1-GigabitEthernet0/0/1] undo shutdown
```

```
[SW1-GigabitEthernet0/0/1] port link-type access
[SW1-GigabitEthernet0/0/1] quit
[SW1] interface gigabitethernet 0/0/2
[SW1-GigabitEthernet0/0/2] undo shutdown
[SW1-GigabitEthernet0/0/2] port link-type access
[SW1-GigabitEthernet0/0/2] quit
[SW1] interface GigabitEthernet 0/0/3
[SW1-GigabitEthernet0/0/3] undo shutdown
[SW1-GigabitEthernet0/0/3] port link-type access
[SW1-GigabitEthernet0/0/3] quit
[SW1] interface GigabitEthernet 0/0/4
[SW1-GigabitEthernet0/0/4] undo shutdown
[SW1-GigabitEthernet0/0/4] port link-type access
[SW1-GigabitEthernet0/0/4] quit
[SW1]interface g0/0/1
[SW1-GigabitEthernet0/0/1]port default vlan 2
[SW1]interface g0/0/2
[SW1-GigabitEthernet0/0/2]port default vlan 2
[SW1]interface g0/0/3
[SW1-GigabitEthernet0/0/3]port default vlan 3
[SW1]interface g0/0/4
[SW1-GigabitEthernet0/0/4]port default vlan 3
```

配置 SW2。

```
<HUAWEI> system-view
[HUAWEI] sysname SW2
[SW2] vlan batch 2 3
[SW2] interface gigabitethernet 0/0/1
[SW2-GigabitEthernet0/0/1] undo shutdown
[SW2-GigabitEthernet0/0/1] port link-type access
[SW2-GigabitEthernet0/0/1] quit
[SW2] interface gigabitethernet 0/0/2
[SW2-GigabitEthernet0/0/2] undo shutdown
[SW2-GigabitEthernet0/0/2] port link-type access
[SW2-GigabitEthernet0/0/2] quit
[SW2] interface GigabitEthernet 0/0/3
[SW2-GigabitEthernet0/0/3] undo shutdown
[SW2-GigabitEthernet0/0/3] port link-type access
[SW2-GigabitEthernet0/0/3] quit
[SW2] interface GigabitEthernet 0/0/4
[SW2-GigabitEthernet0/0/4] undo shutdown
[SW2-GigabitEthernet0/0/4] port link-type access
[SW2-GigabitEthernet0/0/4] quit
[SW2]interface g0/0/1
[SW2-GigabitEthernet0/0/1]port default vlan 2
[SW2]interface g0/0/2
[SW2-GigabitEthernet0/0/2]port default vlan 2
[SW2]interface g0/0/3
[SW2-GigabitEthernet0/0/3]port default vlan 3
[SW2]interface g0/0/4
[SW2-GigabitEthernet0/0/4]port default vlan 3
```

(2) 配置交换机间互连的链路为干道链路。

```
[SW1] interface gigabitethernet 0/0/10
[SW1-GigabitEthernet0/0/10] undo shutdown
[SW1-GigabitEthernet0/0/10] port link-type trunk
[SW1-GigabitEthernet0/0/10] port trunk allow-pass vlan 2 3
[SW1-GigabitEthernet0/0/10] quit
```

```
[SW2] interface gigabitethernet 0/0/10
[SW2-GigabitEthernet0/0/10] undo shutdown
[SW2-GigabitEthernet0/0/10] port link-type trunk
[SW2-GigabitEthernet0/0/10] port trunk allow-pass vlan 2 3
[SW2-GigabitEthernet0/0/10] quit
```

(3) 检查配置结果。

上述配置完成后,相同 VLAN 的设备可以通信,不同 VLAN 的设备不能通信。

工作任务 5　配置 WLAN

无线局域网(Wireless Local Area Network,WLAN)是采用无线传输介质的局域网,它是有线局域网的一种延伸,能快速方便地解决有线方式不容易实现的网络连通问题。

4.5.1　WLAN 定义

无线局域网 WLAN 广义上是指以无线电波、激光、红外线等来代替有线局域网中的部分或全部传输介质所构成的网络。目前,WLAN 已经成为一种经济、高效的网络接入方式。802.11 是 IEEE 在 1997 年为 WLAN 定义的一个无线网络通信的工业标准。此后这一标准又不断得到补充和完善,形成 802.11 的标准系列,例如 802.11、802.11a、802.11b、802.11e、802.11g、802.11i、802.11n、802.11ac 等。

4.5.2　IEEE 802.11 协议标准

IEEE 802.11 协议标准在 802 家族中的角色位置如图 4-11 所示,包含物理层和数据链路层。

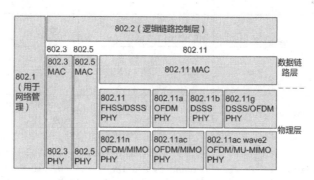

图 4-11　IEEE 802.11 协议标准在 802 家族中的角色位置

1. IEEE 802.11

IEEE 802.11 标准于 1997 年 6 月公布,是第一代无线局域网标准。它工作在 2.4GHz 开放频段,支持 1Mbps 和 2Mbps 的数据传输速率。

2. IEEE 802.11a

IEEE 802.11a 扩充了标准的物理层,工作在 5GHz 频段,其数据传输速率高达 54Mbps,

传输距离为 10m～100m。

3. IEEE 802.11b

1999 年 9 月通过的 IEEE 802.11b 工作在 2.4GHz 频段，数据传输速率可以为 11Mbps、5.5Mbps、2Mbps、1Mbps 或更低，且可以根据噪声状况自动调整速率。

4. IEEE 802.11g

为了解决 IEEE 802.11a 与 IEEE 802.11b 的产品因为频段与物理层调制方式不同而无法兼容的问题，IEEE 批准了新的 802.11g 标准。IEEE 802.11g 既适应传统的 802.11b 标准，在 2.4GHz 频段下提供 11Mbps 的传输速率；也符合 802.11a 标准，在 5GHz 频段下提供 54Mbps 的传输速率，IEEE 802.11g 标准已普遍应用。

5. IEEE 802.11n

IEEE 802.11n 采用 MIMO(多入多出，多重天线进行同步传送)与 OFDM(正交频分复用)技术，提高了无线传输质量，也使传输速率得到极大提升。802.11n 可以将 WLAN 的数据传输速率由目前 802.11a 及 802.11g 提供的 54Mbps 提高到理论速率，最高可达 600Mbps。802.11n 还具有覆盖范围广，兼容性好，可工作在 2.4GHz 和 5GHz 两个频段，支持向前向后兼容，并可以实现 WLAN 与无线广域网的结合等特点。表 4-6 所示为 802.11 协议标准系列关系表。

表 4-6 不同协议标准对应关系表

协议标准	物理层技术	支持频段 /GHz	支持传输速率	是否兼容其他协议标准	商用情况
802.11	FHSS/DSSS	2.4	1 和 2 Mbps	不兼容	1997 年发布，早期标准，目前产品均支持
802.11a	OFDM	5	6、9、12、18、24、36、48 和 54 Mbps	不兼容	1999 年发布，实际应用较少
802.11b	DSSS	2.4	1、2、5.5 和 11 Mbps	不兼容	1999 年发布，早期标准，目前产品均支持
802.11g	DSSS/OFDM	2.4	6、9、12、18、24、36、48 和 54 Mbps	兼容 802.11a、802.11b	2003 年发布，目前大规模商用
802.11n	OFDM/MIMO	2.4，5	支持速率由调制编码方案 MCS(Modulation and Coding Scheme)决定。理论支持最大速率为 600 Mbps	兼容 802.11a、802.11b 和 802.11g	2009 年发布，目前大规模商用

4.5.3 WLAN 组网

1. WLAN 设备介绍

华为无线局域网产品形态丰富，覆盖室内室外、家庭、企业等各种应用场景，提供高速、安全和可靠的无线网络连接，如图 4-12 所示。

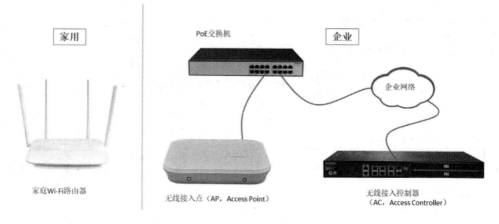

图 4-12　华为无线局域网产品

企业 WLAN 产品包括 AP、AC、PoE 交换机和工作站。

1)　无线接入点(Access Point，AP)

AP 为 Access Point 的简称，一般翻译为"无线访问节点"，它是用于无线网络的无线交换机，也是无线网络的核心。一般支持 FAT AP(胖 AP)、FIT AP(瘦 AP)和云管理 AP 三种工作模式，根据网络规划的需求，可以灵活地在多种模式下切换。

2)　无线接入控制器(Access Controller，AC)

AC 是指无线局域网接入控制设备，负责把来自不同 AP 的数据进行汇聚并接入 Internet，同时完成 AP 设备的配置管理、无线用户的认证、管理及宽带访问、安全等控制功能。

2. AP-AC 组网方式

AP 和 AC 间的组网分为二层组网和三层组网，如图 4-13 所示。

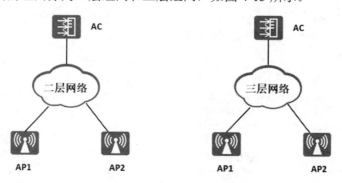

图 4-13　AP-AC 组网方式图

二层组网是指 AP 和 AC 之间的网络为直连或者二层网络。二层组网 AP 可以通过二层广播或者 DHCP 过程，实现 AP 即插即用上线。二层组网比较简单，适用于简单临时的组网，能够进行比较快速的组网配置，但不适用于大型组网架构。

三层组网是指 AP 与 AC 之间的网络为三层网络。AP 无法直接发现 AC，需要通过 DHCP 或 DNS 方式动态发现，或者配置静态 IP。在大型组网中一般采用三层组网。

3. 二层组网 AP 上线配置

二层组网 AP 上线配置如图 4-14 所示。

AC　　　　　　　　　AP

图 4-14　二层 AP-AC 组网图

从图 4-14 中可以看出，该拓扑中共有 AC 一个，下连 AP 一个，使 AP 能够通过 AC 的认证成功上线。

配置思路如下：

把 AC 设为 DHCP 服务器，给 AP 分配 IP 地址，地址从管理 VLAN 三层接口中获取。

管理 VLAN 为 VLAN 100，管理 IP 地址为 192.168.100.1/24。

```
<AC6005>system-view
[AC6005]vlan 100
[AC6004-vlan100]quit
[AC6005]interface vlanif 100
[AC6004-Vlanif100]ip address 192.168.100.1 24
[AC6004-Vlanif100]quit
[AC6005]dhcp enable
[AC6005]interface vlanif 100
[AC6004-Vlanif100]dhcp select interface
[AC6005]interface GigabitEthernet 0/0/1
[AC6004-GigabitEthernet0/0/1]port link-type trunk
[AC6004-GigabitEthernet0/0/1]port trunk allow-pass vlan 100


[AC6004-GigabitEthernet0/0/1]port trunk pvid vlan 100
[AC6004-GigabitEthernet0/0/1] quit
[AC6005]wlan
[AC6004-wlan-view]ap-group name HUAWEI    //创建AP 组
[AC6004-wlan-ap-group-HUAWEI]quit
[AC6004-wlan-view]regulatory-domain-profile name HUAWEI    //创建域管理模板
[AC6004-wlan-regulate-domain-HUAWEI]country-code cn
[AC6004-wlan-regulate-domain-HUAWEI]quit
[AC6004-wlan-view]ap-group name HUAWEI
[AC6004-wlan-ap-group-HUAWEI]regulatory-domain-profile HUAWEI
//应用域管理模板
Warning: Modifying the country code will clear channel, power and
antenna gain configurations of the radio and reset the AP.
 Continue?[Y/N]:y
[AC6004-wlan-ap-group-HUAWEI]quit
[AC6004-wlan-view]quit
[AC6005]capwap source interface vlanif 100 选择AC 的源接口
[AC6005]wlan
[AC6004-wlan-view]ap-id 0 ap-mac 00e0-fc29-1350//AP 的MAC 地址
[AC6004-wlan-ap-0]ap-name HUAWEI
[AC6004-wlan-ap-0]ap-group HUAWEI
Warning: This operation may cause AP reset. If the country code
changes, it will clear channel, power and antenna gain configurations
```

```
of the radio, Whether to continue? [Y/N]:y
[AC6004-wlan-view] display AP all  //在AC上查看AP的状态信息
[AC6005-wlan-view]dis ap all
Info: This operation may take a few seconds. Please wait for a moment.done.
Total AP information:
nor : normal          [1]
--------------------------------------------------------------------------------
ID   MAC            Name Group IP           Type         State STA Uptime
--------
0    00e0-fc29-1350 kfu   kfu   192.168.10.216 AP6050DN    nor   0   21S
--------------------------------------------------------------------------------
Total: 1
[AC6005-wlan-view]
```

知识小贴士

随着智能终端、智能家居、智能制造、智能汽车等产业的快速发展，创新需求和应用不断涌现，WLAN技术带动相关产业蓬勃发展，成为构筑基于智慧链接的数字世界的核心技术之一。我国WLAN产业已形成较为庞大的市场规模和可观的发展态势。WLAN产业上游是产业基础环节，包括芯片、显示器件、传感器、电声器件、射频器件等，产业核心环节是芯片。随着各类WLAN技术的加速演进和应用场景的不断扩展，极大地带动了产业发展。

学习任务工单　构建交换型农业产业园网络

姓名		学号		专业	
班级		地点		日期	
成员					

1. 工作要求

(1) 掌握交换机基础配置方法。
(2) 掌握基于交换机端口划分VLAN的方法。
(3) 掌握跨交换机划分VLAN，并实现其终端通信的方法。
(4) 掌握WLAN的组建方法。

2. 任务描述

要求将农业产业园种植区内的监控数据实时上传到园区网络中心服务器上，并通过WLAN技术实现二层组网AP上线，使得用户在任何位置都能够访问种植区监控服务器，如图4-15所示。

3. 任务步骤

步骤1：根据拓扑图连接交换机。
步骤2：使用Console口登录交换机。
步骤3：配置交换机相关参数(名称、密码、管理IP、远程登录)。

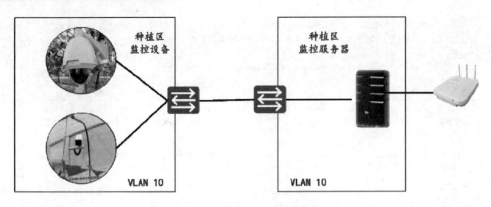

图 4-15　农业产业园种植区网络拓扑图

步骤 4：创建 VLAN。

步骤 5：基于交换机端口划分 VLAN。

步骤 6：连接交换机端口并设置为 Trunk。

步骤 7：二层 WLAN 无线组网。

步骤 8：测试网络连通性。

4. 讨论评价

(1) 任务中的问题：

(2) 任务中的收获：

教师审阅：

学生签名：

日　　期：

工单评价

国家综合布线工程验收规范制定工单评价标准(GB 50312—2007)

考核项目	考核内容	操作评价 满分	操作评价 得分
农业产业园中交换机连接	成功连接交换机	10	
农业产业园中交换机基本配置	Console 口登录交换机	10	
	配置交换机相关参数(名称、密码、管理IP、远程登录)	10	
	测试与验收	10	
农业产业园中 VLAN 的配置	创建 VLAN	10	
	端口划分 VLAN	10	
	连接交换机端口,设置为 Trunk	10	
	测试与验收	10	
农业产业园中 WLAN 的配置	AP-AC 组网	10	
	测试与验收	10	
合计			

知识和技能自测

学号:　　　　姓名:　　　　班级:　　　　日期:　　　　成绩:

一、选择题

1. 无线局域网的通信标准主要采用(　　)标准。
   A. IEEE 802.2　　B. IEEE 802.3　　C. IEEE 802.5　　D. IEEE 802.11
2. 下列不属于计算机网络互连的设备是(　　)。
   A. 基带传输　　B. 宽带传输　　C. 频带传输　　D. 信带传输
3. 局域网中的 MAC、LLC 与 OSI 参考模型哪一层相对应?(　　)
   A. 物理层　　B. 数据链路层　　C. 网络层　　D. 传输层
4. 交换机根据(　　)参数转发数据帧。
   A. 端口号　　B. IP 地址　　C. MAC 地址　　D. 信号类型
5. 某一速率为 100M 的交换机有 20 个端口,则每个端口的传输速率为(　　)。
   A. 100Mbps　　B. 10Mbps　　C. 5Mbps　　D. 2000Mbps

二、填空题

1. 局域网的体系结构由三层构成,分别是物理层、介质_____和_____。

2. Ethernet 的核心技术是它的随机争用型介质访问控制方法，即_____。

3. 以太网交换机有两个主要功能，一个是_____，另一个是_____。

4. _____是 IEEE 在 1997 年为 WLAN 定义的一个无线网络通信的工业标准。

5. 一个 VLAN 组成一个_____，允许处于不同地理位置的网络用户加入同一个逻辑子网中。

三、简述题

1. 简述 CSMA/CD 协议的工作原理。
2. 无线网络和有线网络存在哪些差异？
3. VLAN 的优点有哪些？

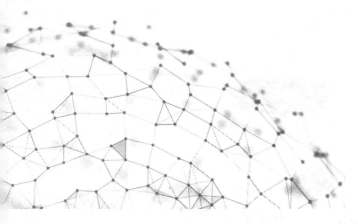

工作场景 5　广域网配置

场景引入：

某农业产业园新入职一位网络工程技术人员，农业产业园分为北京总部、郑州分部和上海分部 3 个办公地点，网络工程技术人员负责各分部与总部之间的网络互联。公司要求通过配置路由，实现公司之间能够互相访问。

知识目标：

- 熟悉广域网的基本概念和组网模式。
- 理解并掌握广域网的 PPP 原理及配置。
- 理解并掌握路由和路由器的基本概念。
- 理解并掌握静态路由的基本概念及配置。
- 理解并掌握 OSPF 路由的概念及配置。
- 理解并掌握排查网络故障的基本原理。

能力目标：

- 掌握路由器的配置方法。
- 掌握静态路由的配置方法。
- 掌握动态路由的配置方法。
- 掌握常见的排查网络故障的方法。

素质目标：

- 通过了解广域网技术，认同并维护乡村振兴等国家战略，树立正确的价值观。
- 通过掌握路由配置方法，养成独立思考的学习习惯，在实践中敢于创新、善于创新。

思维导图：

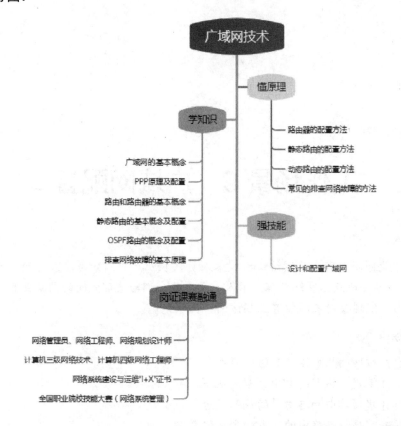

工作任务 1　认识广域网

5.1.1　广域网概述

1. 广域网的定义

随着经济全球化与数字化变革的加速，企业规模不断的扩大，越来越多的分支机构出现在不同的地域，每个分支机构的网络被认为是一个局域网，总部和分支机构之间通信需要跨越地理位置。因此企业需要通过广域网将这些分散在不同地理位置的分支机构连接起来，以便更好地开展业务。

广域网是在一个广泛地理范围内所建立的计算机通信网，所覆盖的范围从几十公里到几千公里，它能连接多个城市或国家，或横跨几个洲并能提供远距离通信，形成国际性的远程网络。广域网通常由两个或多个局域网组成，超过一个局域网的时候，就会进入广域网的范围内了。或者可以这样认为：广域网等于是把局域网连接起来成为更大的网络。一个国家应该算是一个广域网，而超过这个范围，将许多国家的广域网结合在一起，就形成了目前遍布全球的因特网了。

2. 广域网的特点

1) 广泛性

广泛性是广域网结构的最大特点，也是其在使用时的一大功能优势。从城域网、局域网的跨度范围来看，前者是针对某一个城市区域设置的计算机通信网络，后者是对某一个特定区域设置的网络连接，如学校、工厂等。而广域网的覆盖范围十分广泛，小至几十公里到几千公里，大至城市与城市、国家与国家，利用广域网均能实现区域网络的远程操作控制。

2) 共享性

资源共享是计算机网络的必备功能，广域网不仅覆盖范围超过城域网、局域网，且在资源共享方面的性能更加优越。由于广域网覆盖范围较大，网络内收集的数据、信息等资源量庞大，可满足不同用户的资源利用需求。例如，广域网结合公用分组交换网、卫星通信网和无线分组交换网，把分布在不同地区的局域网或计算机系统互联起来以实现资源共享。

3) 目的性

许多广域网均选择存储转发方式完成各类数据的交换，在数据交换处理阶段体现了广域网结构的目的性特点。例如，一般广域网中的交换机先将发送给它的数据包完整地接收下来，再根据编写的程序代码设置相应的输出线路，接着交换机将接收到的数据包发送到该线路上去，这样可以保证数据包能准确地传输给目的节点。

5.1.2 PPP 协议

1. PPP 概述

PPP (Point-to-Point Protocol)协议是目前使用最广泛的广域网协议，PPP 具有以下特性：能够控制数据链路的建立；能够对 IP 地址进行分配和使用；允许同时采用多种网络层协议；能够配置和测试数据链路；能够进行错误检测；有协商选项，能够对网络层的地址和数据压缩等进行协商。

PPP 定义了一整套的协议，包括链路控制协议(LCP)、网络层控制协议(NCP)和验证协议(PAP 和 CHAP) 等。PPP 协议作为数据链路层(Layer 2)协议既支持同步链路连接，也支持异步链路连接，它具有验证协议 CHAP、PAP，更好地保证了网络的安全性。

PPP 提供了两种可选的身份认证方法：一种是 PAP(Password Authentication Protocol，口令验证协议)；另一种是 CHAP(Challenge Handshake Authentication Protocol，挑战握手协议)。在 PPP 会话中，验证是可选的，如果需要验证，则需通信双方的路由器交换彼此的验证信息。

2. PPP 运行过程

PPP 运行的过程简单描述如下。

通信双方开始建立 PPP 链路时，先进入到 Establish 阶段。

在 Establish 阶段，PPP 链路进行 LCP 协商。协商内容包括工作方式是 SP(Single-link PPP)还是 MP(Multilink PPP)、最大接收单元 MRU(Maximum Receive Unit)、验证方式和魔术字

(Magic Number)等选项。LCP 协商成功后进入 Opened 状态,表示底层链路已经建立。

如果配置了验证,将进入 Authenticate 阶段,开始 CHAP 或 PAP 验证。如果没有配置验证,则直接进入 Network 阶段。

在 Authenticate 阶段,如果验证失败,则进入 Terminate 阶段,拆除链路,LCP 状态转为 Down。如果验证成功,则进入 Network 阶段,此时 LCP 状态仍为 Opened。

在 Network 阶段,对 PPP 链路进行 NCP 协商。通过 NCP 协商来选择和配置一个网络层协议并进行网络层参数协商。只有相应的网络层协议协商成功后,该网络层协议才可以通过这条 PPP 链路发送报文。

NCP 协商包括 IPCP(IP Control Protocol)、MPLSCP(MPLS Control Protocol)等协商。IPCP 协商内容主要包括双方的 IP 地址。

NCP 协商成功后,PPP 链路将一直保持通信。PPP 运行过程中,可以随时中断连接,物理链路断开、认证失败、超时定时器时间到、管理员通过配置关闭连接等动作都可能导致链路进入 Terminate 阶段。

在 Terminate 阶段,如果所有的资源都被释放,通信双方将回到 Dead 阶段,直到通信双方重新建立 PPP 连接,开始新的 PPP 链路建立,如图 5-1 所示。

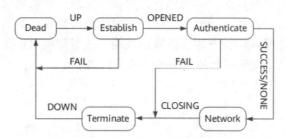

图 5-1 PPP 链路建立过程

5.1.3 PPPoE 协议

1. PPPoE 概述

PPPoE(Point-To-Point Protocol over Ethernet)是一种把 PPP 帧封装在以太网帧中的链路层协议,通过在以太网上提供点到点的连接,建立 PPP 会话,封装 PPP 报文为 PPPoE 报文。

PPP 协议本身就具备了通过用户名和密码的形式进行认证的功能,然而 PPP 协议只适用于点到点的网络类型,而无法直接应用在多点接入网络中,为了将 PPP 协议应用在以太网上,PPPoE 协议应运而生。

PPPoE 协议采用 client/server 模式,如果以太帧的类型字段值为 0x8863 或 0x8864,则表明该以太网数据帧的载荷数据是一个 PPPoE 报文;PPPoE 通过远端接入设备,对主机实现控制、认证、计费功能,由于结合了 PPP 良好的可扩展性与管理控制功能,PPPoE 被广泛应用于小区接入组网等环境中。

2. PPPoE 的报文格式

PPPoE 报文分为 PPPoE Header 和 PPPoE Payload 两个部分。在 PPPoE Header 中,VER 字段(版本字段)的值总是取 0x1,Type 字段的值也总是取 0x1,Code 字段可用来表示不同类型的 PPPoE 报文，Length 字段可用来表示整个 PPPoE 报文的长度，Session-ID 字段可用来区分不同的 PPPoE 会话(PPPoE Session)，PPP 帧在 PPPoE Payload 中，如图 5-2 所示。

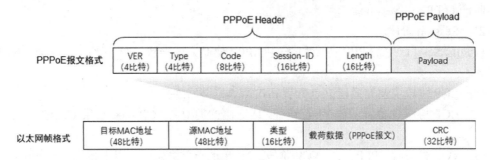

图 5-2　PPPoE 的报文格式

3. PPPoE 的工作过程

PPPoE 的工作过程分为三个不同的阶段，即 Discovery 阶段(发现阶段)、Session 阶段(PPP 会话阶段)、Terminate 阶段，如图 5-3 所示。

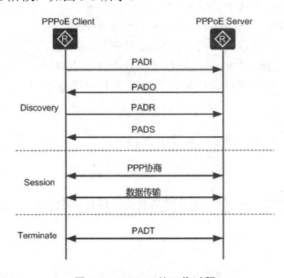

图 5-3　PPPoE 的工作过程

1) Discovery 阶段

(1) PPPoE Client 广播发送一个 PADI(PPPoE Active Discovery Initial)报文，在此报文中包含 PPPoE Client 想要得到的服务类型信息。

(2) 所有的 PPPoE Server 收到 PADI 报文之后，将其中请求的服务与自己能够提供的服务进行比较，如果可以提供，则单播回复一个 PADO(PPPoE Active Discovery Offer)报文。

(3) 根据网络的拓扑结构，PPPoE Client 可能收到多个 PPPoE Server 发送的 PADO 报文，PPPoE Client 会选择最先收到的 PADO 报文所对应的 PPPoE Server 作为自己的 PPPoE Server，并单播发送一个 PADR(PPPoE Active Discovery Request)报文。

(4) PPPoE Server 产生一个唯一的会话 ID(Session ID)，用来标识 PPPoE Client 会话，通过发送一个 PADS(PPPoE Active Discovery Session-confirmation)报文把会话 ID 发送给

PPPoE Client，会话建立成功后便进入 PPPoE Session 阶段。

完成之后通信双方都会知道 PPPoE 的 Session_ID 以及对方的以太网地址，它们共同确定了唯一的 PPPoE Session。

2) Session 阶段

PPPoE Session 中的 PPP 协商和普通的 PPP 协商方式一致，分为 LCP、认证、NCP 三个阶段。

(1) LCP 阶段主要完成建立、配置和检测数据链路连接。

(2) LCP 协商成功后，开始进行认证，认证协议类型由 LCP 协商结果(CHAP 或者 PAP)决定。

(3) 认证成功后，PPP 进入 NCP 阶段。NCP 是一个协议族，用于配置不同的网络层协议，常用的是 IP 控制协议(IPCP)，它主要负责协商用户的 IP 地址和 DNS 服务器地址。

PPPoE Session 的 PPP 协商成功后，就可以承载 PPP 数据报文。

在 PPPoE Session 阶段所有的以太网数据包都是单播发送的。

3) Terminate 阶段

PPP 通信双方可以使用 PPP 协议自身来结束 PPPoE 会话，当无法使用 PPP 协议结束会话时可以使用 PADT(PPPoE Active Discovery Terminate)报文。

进入 PPPoE Session 阶段后，PPPoE Client 和 PPPoE Server 都可以通过发送 PADT 报文的方式来结束 PPPoE 连接。PADT 数据包可以在会话建立以后的任意时刻单播发送。在发送或接收到 PADT 后，就不允许再使用该会话发送 PPP 流量了。

知识小贴士

PPP 无法直接工作在以太网上，需要依靠 PPPoE 作为中间介质，让 PPP 可以直接工作在以太网之上。

工作任务 2　制作和测试网络通信介质

局域网技术的关键问题是当多个节点同时访问介质时如何进行控制，这就涉及局域网的介质访问控制方法。局域网中最常用的介质访问控制方法就是 CSMA/CD 介质访问控制。

5.2.1　常见网络通信介质

1. 双绞线

双绞线是由粗约 1mm 的互相绝缘的一对铜导线绞扭在一起组成，对称均匀地绞扭可以减少线对之间的电磁干扰，双绞线分为屏蔽双绞线和非屏蔽双绞线。非屏蔽双绞线电缆(Unshielded Twisted Pair，UTP)由不同颜色(橙、绿、蓝、棕)的 4 对双绞线组成；屏蔽双绞线电缆(Shielded Twisted Pair，STP)的外层由铝箔包裹，需要支持屏蔽功能的特殊连接器和适当的安装技术，传输速率比相应的非屏蔽双绞线高。

根据频率和信噪比进行分类，可分为一类线、二类线、三类线、四类线、五类线 CAT5、超五类线 CAT5e、六类线 CAT6、超六类线和七类线，如图 5-4 所示。下面介绍常用的双绞线类型。

工作场景 5 广域网配置

图 5-4 常用的双绞线类型

(1) 五类线(CAT5)：该类双绞线增加了绕线密度，外套高质量的绝缘材料，最高的传输速率为 100Mbps。

(2) 超五类(CAT5e)：超五类双绞线的信号衰减小，串扰少，主要用于千兆(1000Mbps)以太网络的布线。

(3) 六类线(CAT6)：该类线缆的传输频率为 1MHz～250MHz，提供 2 倍超五类线缆的带宽。

双绞线包含两种标准线序，即 ANSI/EIA/TIA568A 和 ANSI/EIA/TIA568B，前面的英文是标准制定的机构名。

根据双绞线的接头线序和连接设备的不同，可将双绞线分为直通线、交叉线和反转线。其中 EIA/TIA 568A 标准规定的线序依次为绿白、绿、橙白、蓝、蓝白、橙、棕白、棕。EIA/TIA 568B 标准规定的线序依次为橙白、橙、绿白、蓝、蓝白、绿、棕白、棕。

(1) 直通线：又称正线、标准线。线两端接头线序相同，即如果为 568A 标准，则两头都是 568A；如果为 568B 标准，则两端也均为 568B 标准。通常用于路由器和交换机、PC 和交换机等应用场景，如图 5-5 所示。

(2) 交叉线：又称反线，即一端使用 568A 标准线序，另一端使用 568B 标准线序。交叉线用于相同设备间的连接，如 PC-PC、路由器-路由器等，如图 5-6 所示。

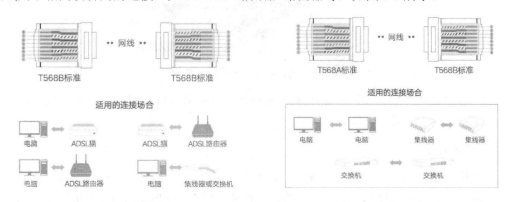

图 5-5 直通线线序　　　　　　图 5-6 交叉线线序

(3) 反转线：反转线的使用场景相对较少，通常只用于一些特殊的网络环境中。在使用反转线的时候需要注意，一端的线序与直通线相同，另一端的线序与交叉线相同，如果

117

将反转线的两端接反,就会导致数据传输失败。

根据双绞线缆有无屏蔽层进行分类,可分为屏蔽双绞线(STP)和非屏蔽双绞线(UTP)。

(1) 屏蔽双绞线:在双绞线与外层绝缘套之间包含一个金属屏蔽层。根据这个特点,屏蔽双绞线又分为 STP 和 FTP,其中 STP 表示双绞线缆中的每条双绞线都有自己的屏蔽层,而 FTP 是在整个线缆有屏蔽装置,如图 5-7 和图 5-8 所示。

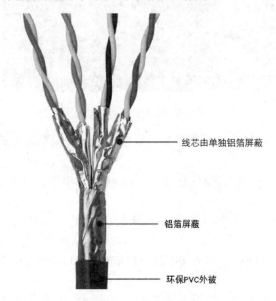

图 5-7　屏蔽双绞线结构

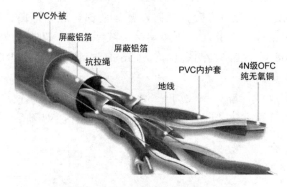

图 5-8　超六类双屏蔽双绞线结构

(2) 非屏蔽双绞线:实际应用中大部分都是非屏蔽双绞线,只有一层绝缘胶皮包裹,性价比高,使用起来灵活便捷。

2. 同轴电缆

同轴电缆也是网络应用初期常见的传输介质。它由一根中央铜导线、包围铜线的绝缘层、网状金属屏蔽层以及塑料保护外皮四部分组成,如图 5-9 所示。其中,铜线传输电磁信号,它的粗细直接决定其衰减程度和传输距离;网状导体金属屏蔽层可以屏蔽噪声,又可以作为信号地线,能够很好地隔离外来的电信号。

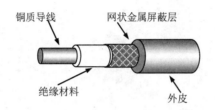

图 5-9 同轴电缆结构

同轴电缆具有较强的抗干扰能力，屏蔽性能好，一般用于总线型网络拓扑结构中设备之间的连接。

同轴电缆分为粗缆和细缆两种。粗缆使用 AUI 连接器连接，细缆则采用 BNC/T 型接头连接。

按特性电阻值划分，可将同轴电缆分为 50Ω 和 75Ω 两种。50Ω 同轴电缆常用于网络中，主要用来传输数字信号；而 75Ω 同轴电缆常用于 CATV 系统中，主要传输模拟信号。

3. 光纤

光导纤维简称光纤，它是一种细小并能传导光信号的介质。它由石英玻璃纤芯、折射率较低的反光材料包层和塑料护套层组成。由于包层的作用，使得在纤芯中传输的光信号几乎不会被折射出去。纤芯是光的传导部分，而包层的作用是将光封闭在纤芯内。纤芯和包层的成分都是玻璃，纤芯的折射率高，包层的折射率低，这样可以把光信号封闭在纤芯内。在包层外是由涂覆层及其外面的缓冲保护层构成的护套层，给光纤提供附加保护。

为保护光缆的机械强度和刚性，光缆通常包含有一个或几个加强元件，如芳纶砂、钢丝和纤维玻璃棒等。

光纤不受电磁干扰，因此光纤具备频带宽、通信距离长、抗干扰能力强等优点。光纤已成为现代通信技术的主要传输介质。

当前 100G 光传送网(OTN)系统是骨干网络的主流选择，自 2020 年开始，200G 光传输系统和 G.654E 光纤光缆开始规模引入部署。中国移动打造了国内首个 200G 商用骨干网络，中国电信在上海-广州之间建成国内首条全 G.654E 陆地干线光缆。"十四五"期间，我国将在长距离骨干网推广 G.654E 光纤光缆，在长距离传输网中引入 400G 超大容量光传输系统，提升骨干网络承载能力。可以说，提升网络综合承载能力是骨干网络建设长期不变的需求之一。

5.2.2 双绞线的制作

在双绞线制作过程中，主要用到的网络材料、附件和工具包括五类以上的双绞线、8 芯水晶头和双绞网线钳等，还有一些专用的剥线工具，如图 5-10 所示。

下面以直通线 EIAT/TIA 568B 标准为例来说明制作步骤。

步骤 1：用双绞网线钳(也可以用其他剪线工具)垂直裁剪一段符合要求长度的双绞线(建议适当剪长些)，然后把一端插入到双绞网线钳的刀口中(注意网线不能弯)，直到顶住网线钳后面的挡位。压下网线钳，用另一只手拉住网线慢慢旋转一圈(无须担心会损坏网线里面芯线的包皮，因为剥线的两刀片之间留有一定距离，这距离通常就是里面 4 对芯线的直径大小)，然后松开网线钳，把切断的网线保护塑料包皮拔下来，露出 4 对 8 条网线芯线。

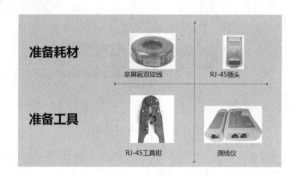

图 5-10　网线制作耗材及工具

步骤 2：把 4 对芯线一字并排排列，然后再把每对芯线中的两条芯线相邻排列分开。注意不要跨线排列，并建议按统一的排列顺序，如左边统一为全色芯线，右边统一为相应颜色的花白芯线。

步骤 3：用网线钳或其他剪线工具将芯线剪齐(不要剪太长，只需剪齐即可)。

步骤 4：左手水平握住水晶头(金属片面向自己)，右手将剪齐的 8 条芯线紧密排列，捏住这 8 条芯线对准水晶头开口插入水晶头中。插入后再使劲往里推，使各条芯线都插到水晶头的底部，不能弯曲。因为水晶头是透明的，可以从水晶头外面清楚地看到每条芯线所插入的位置。

步骤 5：确认所有芯线都插到水晶头底部后，即可将插入网线的水晶头直接放入网线钳压线槽中。此时要注意，压线槽结构与水晶头结构一样，一定要正确放入才能压住水晶头。确认水晶头放好后即可使劲压下网线钳手柄，使水晶头的插针都能插入到网线芯线中，与之接触良好。

步骤 6：用专用的网线测试仪测试所制作的网线是否通畅。具体方法是把网线两端的水晶头分别插入测试仪的两个 RJ-45 以太网接口上，开启测试仪电源开关，在正常情况下，测试仪的 4 个指示灯会显示为绿色并从上至下依次闪过两次。如果指示灯显示为黄色或红色，则证明相应引脚的网线制作有问题，存在接触不良或者断路现象。此时建议用网线钳再使劲压一次两端的水晶头。如果还不能解决问题，则需要剪断原来的水晶头重新制作。新制作时也要注意保持与另一端水晶头的芯线排列顺序一致。

双绞线的制作流程如图 5-11 所示。

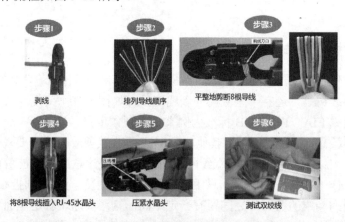

图 5-11　双绞线的制作流程

知识小贴士

8 类网线是最新的 IEEE 铜质以太网线缆标准，使用标准 RJ45 连接器，并向后兼容以前的标准。8 类网线最主要的区别在于其屏蔽属性。作为线缆护套的一部分，8 类网线的屏蔽层进行了大升级，有三种结构，尤其是"每对屏蔽+铝箔总屏蔽+编制总屏蔽+外被"结构，可以说是屏蔽性能的终极王者。8 类网线目前是迄今为止速度最快的以太网线缆。其高达 40 Gbps 的数据传输速度比超六类快四倍，同时支持高达 2000 MHz 的带宽(比标准超六类带宽高四倍)，减少了延迟，从而获得更好的信号质量。

工作任务 3　认识路由协议

5.3.1　什么是路由

1. 路由

路由是指通过相互连接的网络将 IP 数据报从源主机传往目的主机的过程。也是指导 IP 数据报文发送的路径信息。

我们可以把路由理解为路径，例如，在图 5-12 中，路由器 A 到路由器 C 的路由为 A→B→C；路由器 A 到路由器 D 的路由为 A→B→D。

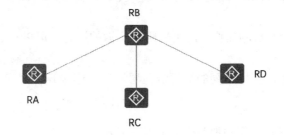

图 5-12　路由示意图

2. 路由器

路由器(Router)是互联网的主要节点设备，它用于连接多个逻辑上分开的网络。所谓逻辑网络是指代表一个单独的网络或者一个子网。当数据从一个子网传输到另一个子网时，可通过路由器转发来完成，转发策略称为路由选择，如图 5-13 所示。

图 5-13　华为 AR6710 路由器

知识小贴士

企业路由器与家用路由器的区别是什么？性能方面的差异是较为基础的一点。一般而言，家用路由器密度相对较低，信号强度较小，覆盖范围也较小，转发性能和带机量有限，如果应用于企业公共场合，就会存在严重的应用隐患。因此，企业路由器的内存等硬件参数更高，支持同时接入上网的用户数量更多，性能较好。

路由器的核心作用是实现网络互连，转发不同网络之间的数据单元，如图5-14所示。路由器需要具备以下功能。

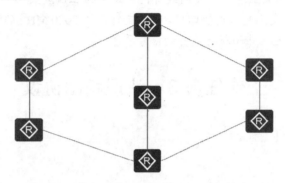

图5-14　使用路由器将网络连接在一起

(1) 路由(寻径)：包括路由表的建立与刷新。

(2) 交换：在网络之间转发分组数据，涉及到从接收接口收到数据帧，解封装，对数据包做相应处理，根据目的网络查找路由表，决定转发接口，做新的数据链路层封装等过程。

(3) 隔离广播，指定访问规则，路由器阻止广播的通过。可以设置访问控制列表(ACL)对流量进行控制。

(4) 异种网络互连，支持不同的数据链路层协议，连接异种网络。

3. 路由的分类

根据路由目的的不同，我们把路由分为以下几种。

(1) 根据子网间的速率适配，路由可划分为网段路由和主机路由。网段路由目的地为网段，IPv4地址子网掩码长度小于32位或IPv6地址前缀长度小于128位。主机路由目的地为主机，IPv4地址子网掩码长度等于32位或IPv6地址前缀长度等于128位。

(2) 根据目的地与该路由器是否直接相连，路由又可划分为直连路由和间接路由。直连路由目的地所在网络与路由器直接相连。间接路由目的地所在网络与路由器非直接相连。

(3) 根据目的地址类型的不同，路由还可以分为单播路由和组播路由。单播路由表示将报文转发的目的地址是一个单播地址。组播路由表示将报文转发的目的地址是一个组播地址。

5.3.2　路由表

路由表用于为每个IP包选择输出端口和下一跳地址，路由器转发数据包时选择路径的关键是查找路由表。

每台路由器中都保存着一张路由表，用来记录相关网络的地址。路由表中每条路由项都指明数据包到某网络或主机时应通过路由器的哪个物理端口发送。路由器根据路由表决定将数据包转发到下一个路由器,或者传送到与其直接相连网络中的目的主机。

路由表是由目的地址、子网掩码、输出端口和下一跳 IP 地址组成。

(1) 目的地址:用来标识 IP 包的目的地址。

(2) 子网掩码:与目的地址一起来标识目的主机所在的网络地址。

(3) 下一跳 IP 地址:说明 IP 包所经过的下一个路由器的端口 IP 地址。

如图 5-15 所示,例如主机 A 要和不同网段的主机 B 通信,路由器 A 查看自己的路由表,去往 3.3.3.0 网段下一跳为 192.168.10.2,数据包交付给 RB,RB 查看自身路由表,去往 3.3.3.0 网段下一跳为 192.168.20.1,数据包交付给 RC,RC 查看自身路由表,数据包从 3.3.3.1 接口出,数据包交付给主机 B,实现一次通信。

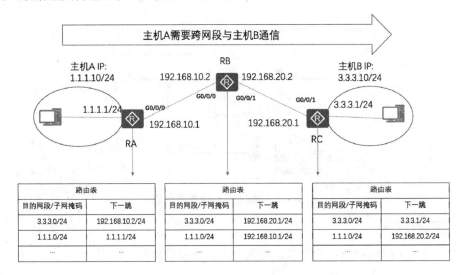

图 5-15 路由表原理

工作任务 4 路由器基本配置

5.4.1 首次登录路由器配置

首次登录设备指的是通过本地登录的方式,对新出厂的设备进行基本系统参数配置的操作,是用户使用设备的前提条件。要对一台新出厂的设备进行业务配置时,通常需要本地登录设备,可以通过 Console 口首次登录设备,如表 5-1 所示。

表 5-1 设备 Console 口缺省配置

参　　数	缺省值
传输速率	9600bit/s
流控方式	不进行流控
校验方式	不进行校验
停止位	1
数据位	8

在配置通过 Console 口登录设备之前,需要完成以下任务。
(1) 设备正常上电。
(2) 准备好 Console 通信电缆。

1. 连接 Console 配置线缆

将 Console 配置线缆的一端(RJ45)连接到路由器的 CON/AUX 接口(RJ45)上。将 Console 配置线缆的另一端(DB9)连接到管理 PC 的串行接口(COM)上,如图 5-16 所示。

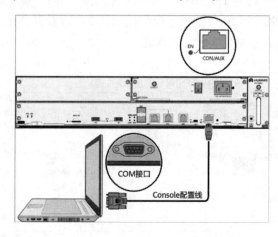

图 5-16　连接 Console 配置线缆

2. 配置设备名称

为了方便区分网络中的各台设备,可为每一台设备设置不同的名称。
(1) 进入系统视图。
执行命令 system-view,进入系统视图。
(2) 设置设备名称。
执行命令 sysname host-name,设置设备名称。
缺省情况下,设备主机名为 HUAWEI。
可以执行命令 undo sysname 恢复默认的设备主机名。

5.4.2　路由器接口配置

1. 进入接口模式

(1) 执行命令 system-view,进入系统视图。
(2) 执行命令 interface interface-type interface-number,进入接口视图。
其中,interface-type 为接口类型,interface-number 为接口编号。
为了方便管理和维护设备,可以配置接口的描述信息,描述接口所属的设备、接口类型和对端网元设备等信息。例如,"当前设备连接到设备 B 的 Eth2/0/0 接口"可以描述为 To-[DeviceB]Eth-2/0/0。

2. 接口描述

(1) 执行命令 system-view，进入系统视图。

(2) 执行命令 interface interface-type interface-number，进入接口视图。

(3) 执行命令 description description，配置接口的描述信息。

默认情况下，接口描述信息为 HUAWEI，AR Series，interface-type interface-number Interface。

描述信息把输入的第一个非空格字符作为第一个字符开始显示。

3. 配置开启或关闭接口

当修改了接口的工作参数配置，且新的配置未能立即生效时，可以依次执行 shutdown 和 undo shutdown 命令或 restart 命令来关闭和重启接口，使新的配置生效。

当接口闲置(即没有连接电缆或光纤)时，可使用 shutdown 命令关闭该接口，以防止由于干扰导致接口异常。依次执行 shutdown 和 undo shutdown 命令，就相当于执行 restart 命令，不会修改或删除接口的配置信息。

关闭接口的方法如下。

(1) 执行命令 system-view，进入系统视图。

(2) 执行命令 interface interface-type interface-number，进入指定的接口视图。

(3) 执行命令 shutdown，关闭接口。

默认情况下，接口处于打开状态。

启动接口的方法如下。

(1) 执行命令 system-view，进入系统视图。

(2) 执行命令 interface interface-type interface-number，进入指定的接口视图。

(3) 执行命令 undo shutdown，启动接口。

默认情况下，接口处于打开状态。

4. Serial 接口配置

Serial 接口是最常用的广域网接口之一，可以工作在同步方式或异步方式下，因此通常又被称为同异步串口。

Serial 接口有 DTE 和 DCE 两种工作方式，一般情况下，同步串口作为 DTE 设备，接受 DCE 设备提供的时钟。

默认情况下，Serial 接口的物理属性都有缺省值。如果需要修改属性的值，可执行本配置任务。

(1) 执行命令 system-view，进入系统视图。

(2) 执行命令 interface serial interface-number，进入 Serial 接口视图。

(3) 执行命令 physical-mode sync，配置 Serial 接口工作在同步方式。

默认情况下，Serial 接口工作在同步方式。

(4) 执行命令 virtualbaudrate baudrate，配置同步方式下 Serial 接口的虚拟波特率。

默认情况下，Serial 接口的虚拟波特率为 64000bit/s。

(5) 执行命令 clock dte { dteclk1 | dteclk2 | dteclk3 }，配置同步方式下 Serial 接口在 DTE

侧的时钟选择方式。

知识小贴士

Serial 接口可以工作在数据终端设备 DTE(Data Terminal Equipment)和数据通信设备 DCE(Data Circuit-terminating Equipment)，在 Serial 接口插入 DTE 线缆的设备称为 DTE 设备，在 Serial 接口插入 DCE 线缆的设备称为 DCE 设备。一般情况下，设备作为 DTE 设备，接受 DCE 设备提供的时钟。

工作任务 5 　配置路由协议

5.5.1 　静态路由

1. 静态路由的配置

1) 静态路由基础

静态路由是一种需要管理员手工配置的特殊路由。在组网结构简单或到给定目标主机只有一条路径的网络中，只需配置静态路由就能使路由器正常工作。

由于不发送路由更新信息，静态路由选择减少了额外开支。同时正确地设置和使用静态路由能有效地保障网络安全，并能够为重要的应用保证带宽。路由器根据路由转发数据包，路由可通过手动配置和使用动态路由算法计算产生，其中手动配置产生的路由就是静态路由。

静态路由比动态路由使用更少的带宽，并且不占用 CPU 资源。但是当网络发生故障或者拓扑发生变化后，静态路由不会自动更新，必须手动重新配置。

2) 静态路由配置实例

静态路由的核心配置命令是 ip route-static，需要在系统视图下执行，静态路由有 5 个主要的参数：目的地址和掩码、出接口和下一跳、优先级，基本的配置语法如下：

```
ip route-static ip-address { mask | mask-length } { nexthop-address |
interface-type interface-number [ nexthop-address ] } [ preference
preference-value]
ip-address { mask | mask-length }(目的地址和掩码)
```

IPv4 的目的地址为点分十进制格式，掩码可以用点分十进制表示，也可用掩码长度(即掩码中连续 1 的位数)表示。当目的地址和掩码都为零时，表示静态缺省路由。

```
{ nexthop-address | interface-type interface-number [ nexthop-address ] }(出
接口和下一跳地址)
```

在配置静态路由时，根据不同的出接口类型，指定出接口和下一跳地址。

对于点到点类型的接口，只需指定出接口。因为指定发送接口即隐含指定了下一跳地址，这时认为与该接口相连的对端接口地址就是路由的下一跳地址。

对于广播类型的接口(如以太网接口)，必须指定通过该接口发送时对应的下一跳地址。

```
[ preference preference-value](静态路由优先级)
```

对于不同的静态路由，可以为它们配置不同的优先级，优先级数字越小优先级越高。

配置到达相同目的地的多条静态路由,如果指定相同优先级,则可实现负载分担;如果指定不同优先级,则可实现路由备份。

知识小贴士

静态路由主要应用在小型网络中,由于三层交换机或者路由器组网的设备台数有限,总的网络路由数量有限,维护的工作量可控,此时就可以考虑采用静态路由;或者是网络设备不支持一些动态路由协议,比如 RIP、OSPF 时,就只能采用静态路由;另外针对出口设备,比如路由器,防火墙等,针对公网 Internet 的默认路由也可以采用静态路由来配置。

如图 5-17 所示,配置静态路由,使得 PC1 与 PC2 通过静态路由可以实现通信。

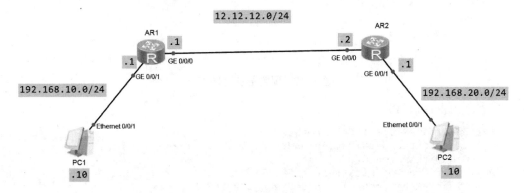

图 5-17 静态路由

(1) 基础配置。

进入如图 5-18 所示的界面,配置主机信息,配置完成后单击"应用"按钮。

图 5-18 配置主机信息

图 5-18 配置主机信息(续)

配置路由器接口 IP：

```
[AR1]interface GigabitEthernet 0/0/0
[AR1-GigabitEthernet0/0/0]ip address 12.12.12.1 24
[AR1-GigabitEthernet0/0/0]quit
[AR1]interface GigabitEthernet 0/0/1
[AR1-GigabitEthernet0/0/1]ip address 192.168.10.1 24
[AR1-GigabitEthernet0/0/1]quit

[AR2]interface GigabitEthernet 0/0/0
[AR2-GigabitEthernet0/0/0]ip address 12.12.12.2 24
[AR2-GigabitEthernet0/0/0]quit
[AR2]interface GigabitEthernet 0/0/1
[AR2-GigabitEthernet0/0/1]ip address 192.168.20.1 24
[AR2-GigabitEthernet0/0/1]quit
```

(2) 配置静态路由。

```
[AR1]ip route-static 192.168.20.0 24 12.12.12.2
[AR2]ip route-static 192.168.10.0 24 12.12.12.1
```

(3) 网络测试。

查看路由表，从两台路由器均可看到对方的目的网段，如图 5-19 所示。

测试两台 PC 的连通性，单击 PC1 的"命令行"按钮，进入如图 5-20 所示的界面，两台 PC 可以通信。

2. 默认路由的配置

默认路由也是一种静态路由，也叫作缺省路由。默认路由就是在没有找到任何匹配路由项的情况下才使用的路由。在路由表中，缺省路由的目的网络号是 0.0.0.0(子网掩码为 0.0.0.0)。当路由器收到一个在路由表中匹配不到明确路由的数据包时，会将数据包转发给缺省路由指向的下一跳。内部网络连接 Internet 时常会采用默认路由。如图 5-21 所示，在 R2 上面配置一条默认路由，当有内部网络(192.168.20.0)的数据要访问 Internet 时，R2 将数据包发送到 R1(192.168.10.1)。

```
[AR1]display ip routing-table
Route Flags: R - relay, D - download to fib
------------------------------------------------------------------------------
Routing Tables: Public
        Destinations : 11       Routes : 11

Destination/Mask      Proto   Pre  Cost      Flags  NextHop         Interface

      12.12.12.0/24   Direct  0    0         D      12.12.12.1      GigabitEthernet
0/0/0
      12.12.12.1/32   Direct  0    0         D      127.0.0.1       GigabitEthernet
0/0/0
    12.12.12.255/32   Direct  0    0         D      127.0.0.1       GigabitEthernet
0/0/0
         127.0.0.0/8  Direct  0    0         D      127.0.0.1       InLoopBack0
        127.0.0.1/32  Direct  0    0         D      127.0.0.1       InLoopBack0
  127.255.255.255/32  Direct  0    0         D      127.0.0.1       InLoopBack0
     192.168.10.0/24  Direct  0    0         D      192.168.10.1    GigabitEthernet
0/0/1
     192.168.10.1/32  Direct  0    0         D      127.0.0.1       GigabitEthernet
0/0/1
   192.168.10.255/32  Direct  0    0         D      127.0.0.1       GigabitEthernet
0/0/1
     192.168.20.0/24  Static  60   0         RD     12.12.12.2      GigabitEthernet
0/0/0
  255.255.255.255/32  Direct  0    0         D      127.0.0.1       InLoopBack0

[AR2]dis ip routing-table
Route Flags: R - relay, D - download to fib
------------------------------------------------------------------------------
Routing Tables: Public
        Destinations : 11       Routes : 11

Destination/Mask      Proto   Pre  Cost      Flags  NextHop         Interface

      12.12.12.0/24   Direct  0    0         D      12.12.12.2      GigabitEthernet
0/0/0
      12.12.12.2/32   Direct  0    0         D      127.0.0.1       GigabitEthernet
0/0/0
    12.12.12.255/32   Direct  0    0         D      127.0.0.1       GigabitEthernet
0/0/0
         127.0.0.0/8  Direct  0    0         D      127.0.0.1       InLoopBack0
        127.0.0.1/32  Direct  0    0         D      127.0.0.1       InLoopBack0
  127.255.255.255/32  Direct  0    0         D      127.0.0.1       InLoopBack0
     192.168.10.0/24  Static  60   0         RD     12.12.12.1      GigabitEthernet
0/0/0
     192.168.20.0/24  Direct  0    0         D      192.168.20.1    GigabitEthernet
0/0/1
     192.168.20.1/32  Direct  0    0         D      127.0.0.1       GigabitEthernet
0/0/1
   192.168.20.255/32  Direct  0    0         D      127.0.0.1       GigabitEthernet
0/0/1
  255.255.255.255/32  Direct  0    0         D      127.0.0.1       InLoopBack0
```

图 5-19　查看路由表

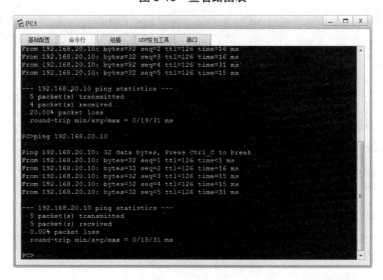

图 5-20　连通性测试

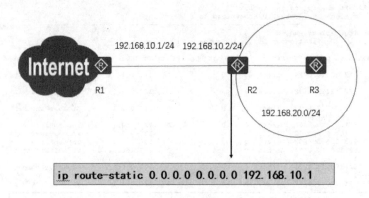

图 5-21 默认路由图

默认路由配置实例：

图 5-22 所示为配置静态路由，增加一台路由器 R3 连接 Internet，在 AR1 上配置默认路由，使得内部网络能够访问 Internet。

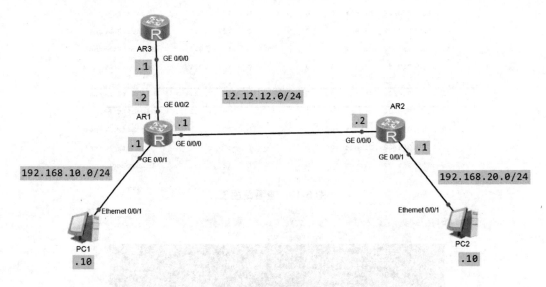

图 5-22 配置静态路由

配置路由器接口 IP：

```
[AR1]interface GigabitEthernet 0/0/2
[AR1-GigabitEthernet0/0/2]ip address 13.13.13.2 24
[AR3]interface GigabitEthernet 0/0/0
[AR3-GigabitEthernet0/0/0]ip address 13.13.13.1 24
```

配置默认路由：

```
[AR1]ip route-static 0.0.0.0 0.0.0.0 13.13.13.1
[AR3]ip route-static 0.0.0.0 0.0.0.0 13.13.13.2
```

查看路由表，如图 5-23 所示。

网络连通性测试：单击 PC1 的"命令行"按钮，进入如图 5-24 所示的界面，两台 PC 可以通信。

```
[AR1]display ip routing-table
Route Flags: R - relay, D - download to fib
-------------------------------------------------------------------------------
Routing Tables: Public
         Destinations : 15      Routes : 15

Destination/Mask    Proto   Pre  Cost     Flags NextHop         Interface
        0.0.0.0/0    Static  60   0         RD   13.13.13.1      GigabitEthernet
0/0/2
      12.12.12.0/24  Direct  0    0         D    12.12.12.1      GigabitEthernet
0/0/0
      12.12.12.1/32  Direct  0    0         D    127.0.0.1       GigabitEthernet
0/0/0
    12.12.12.255/32  Direct  0    0         D    127.0.0.1       GigabitEthernet
0/0/0
      13.13.13.0/24  Direct  0    0         D    13.13.13.2      GigabitEthernet
0/0/2
      13.13.13.2/32  Direct  0    0         D    127.0.0.1       GigabitEthernet
0/0/2
    13.13.13.255/32  Direct  0    0         D    127.0.0.1       GigabitEthernet
0/0/2
       127.0.0.0/8   Direct  0    0         D    127.0.0.1       InLoopBack0
       127.0.0.1/32  Direct  0    0         D    127.0.0.1       InLoopBack0
   127.255.255.255/32 Direct 0    0         D    127.0.0.1       InLoopBack0
     192.168.10.0/24 Direct  0    0         D    192.168.10.1    GigabitEthernet
0/0/1
     192.168.10.1/32 Direct  0    0         D    127.0.0.1       GigabitEthernet
0/0/1
   192.168.10.255/32 Direct  0    0         D    127.0.0.1       GigabitEthernet
0/0/1
     192.168.20.0/24 Static  60   0         RD   12.12.12.2      GigabitEthernet
0/0/0
   255.255.255.255/32 Direct 0    0         D    127.0.0.1       InLoopBack0
```

图 5-23　查看路由表

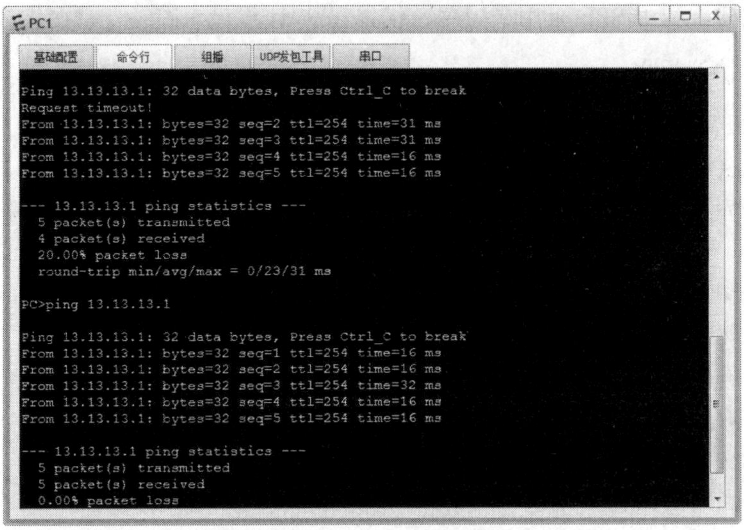

图 5-24　连通性测试

5.5.2　动态路由

　　动态路由表是路由器根据网络系统的运行情况而自动调整的路由表。路由器根据路由选择协议提供的功能,自动学习和记忆网络运行情况,在需要时自动计算数据传输的最佳路径。

　　在实际网络中,网络拓扑结构经常发生变化,对使用静态路由而言,维护是非常困难的。动态路由能够自动发现和自动更新路由,动态路由必须依赖路由协议(OSPF 协议、RIP 协议等)来实现。在实际应用中动态路由和静态路由是共同起作用的,如表 5-2 所示。

表 5-2 静态路由与动态路由对比

	静态路由	动态路由
配置的复杂性	规模越大越复杂	通常不受网络规模限制
拓扑结构变化	管理员手工调整	自动调整路由
资源使用情况	不需要额外资源	占用 CPU、内存、带宽

1. OSPF 路由

开放最短路径优先(Open Shortest Path First，OSPF)是一种基于链路状态的路由协议，因此也称为链路状态协议。

OSPF 是一种基于链路状态的路由协议，链路状态也指路由器的接口状态，其核心思想是，每台路由器都将自己的各个接口的接口状态(链路状态)共享给其他路由器。在此基础上，每台路由器就可以依据自身的接口状态和其他路由器的接口状态计算出去往各个目的地的路由。路由器的链路状态包含了该接口的 IP 地址及子网掩码等信息。

链路状态通告(Link-State Advertisement，LSA)是链路状态信息的主要载体，链路状态信息主要包含在 LSA 中并通过 LSA 的通告(泛洪)来实现共享的。

一旦每个路由器接收所有局部链路状态和完整的链路状态数据库，路由器将构造一棵以自己为根的树，利用 SPF(采用最短路径优先算法)计算最短路径，从而生成路由。

2. OSPF 协议报文

OSPF 的报文直接放在 IP 包的数据部分。一般而言，OSPF 的报文有以下 5 种。

(1) HELLO 报文：用来发现和维持邻站的可达性。

(2) 数据库描述报文：向邻站给出自己的链路状态数据库中的所有链路状态项目的摘要信息。

(3) 数据库请求报文：向对方请求发送某些链路状态项目的详细信息。

(4) 数据库更新报文：用洪泛法向全网报告更新的链路状态信息。

(5) 数据库更新确认报文：对链路更新分组的确认。

作为一种典型的链路状态的路由协议，OSPF 还得遵循链路状态路由协议的统一算法。链路状态的算法非常简单，在这里将链路状态算法概括为以下 4 个步骤。

步骤一：当路由器初始化或当网络结构发生变化(例如增减路由器，链路状态发生变化等)时，路由器会产生链路状态广播数据包 LSA，该数据包里包含路由器上所有相连链路，即所有端口的状态信息。

步骤二：所有路由器会通过一种被称为刷新(Flooding)的方法来交换链路状态数据。Flooding 是指路由器将其 LSA 数据包传送给所有与其相邻的 OSPF 路由器，相邻路由器根据其接收到的链路状态信息更新自己的数据库，并将该链路状态信息转送给与其相邻的路由器，直至稳定的一个过程。

步骤三：当网络重新稳定下来，也可以说 OSPF 路由协议收敛下来时，所有的路由器会根据其各自的链路状态信息数据库计算出各自的路由表。该路由表中包含路由器到每一个可到达目的地的 Cost 以及到达该目的地所要转发的下一个路由器(next-hop)。

步骤四：第 4 个步骤实际上是指 OSPF 路由协议的一个特性。当网络状态比较稳定时，网络中传递的链路状态信息是比较少的。这也正是链路状态路由协议区别于距离矢量路由协议的一大特点。

> **岗课赛证融通**
>
> 以下关于 OSPF 协议的叙述中,正确的是( )。(选自网络工程师认证考试真题)
> A. OSPF 是一种路径矢量协议
> B. OSPF 使用链路状态公告(LSA)扩散路由信息
> C. OSPF 网络中用区域 1 来表示主干网段
> D. OSPF 路由器向邻居发送路由更新信息

3. OSPF 单区域路由的配置

(1) 创建 OSPF 进程。

执行命令 ospf [process-id],启动 OSPF 进程,进入 OSPF 视图。

其中,process-id 为进程号,缺省值为 1。

路由器支持 OSPF 多进程,可以根据业务类型划分不同的进程。进程号是本地概念,不影响与其他路由器之间的报文交换。因此,不同的路由器之间,即使进程号不同也可以进行报文交换。

router-id router-id 为路由器的 ID 号。

缺省情况下,路由器系统会从当前接口的 IP 地址中自动选取一个最大值作为 Router ID。手动配置 Router ID 时,必须保证自治系统中任意两台 Router ID 都不相同。通常的做法是将 Router ID 配置为与该设备某个接口的 IP 地址一致。

(2) 创建 OSPF 区域并使能 OSPF。

执行命令 ospf [process-id],启动 OSPF 进程,进入 OSPF 视图。

执行命令 area area-id,创建并进入 OSPF 区域视图。

执行命令 network ip-address wildcard-mask,配置区域所包含的网段。

其中,区域号(Area ID)是 0 的称为骨干区域。骨干区域负责区域之间的路由,非骨干区域之间的路由信息必须通过骨干区域来转发。

参考前文静态路由网络拓扑,配置 OSPF 路由,使得 PC1 与 PC2 通过动态路由可以实现通信:

```
[AR1]ospf 1
[AR1-ospf-1]area 0
[AR1-ospf-1-area-0.0.0.0]network 192.168.10.0 0.0.0.255
[AR1-ospf-1-area-0.0.0.0]network 12.12.12.0 0.0.0.255

[AR2-ospf-1]area 0
[AR2-ospf-1-area-0.0.0.0]network 192.168.20.0 0.0.0.255
[AR2-ospf-1-area-0.0.0.0]network 12.12.12.0 0.0.0.255
```

知识小贴士

OSPF 路由协议是目前主流的 IGP 协议,被绝大部分客户认可并使用,广泛应用于各个行业,如教育、金融、医疗、政府、企业等,不论组网模型是复杂还是简单,设备数量多少,路由条目的多少,OSPF 都能很好地满足各类需求。

在路由器 AR1 和 AR2 上使用 dis ip routing-table 命令查看路由表，如图 5-25 所示。

```
[AR1]dis ip routing-table
Route Flags: R - relay, D - download to fib
------------------------------------------------------------------------------
Routing Tables: Public
         Destinations : 11       Routes : 11

Destination/Mask    Proto   Pre  Cost      Flags NextHop         Interface

      12.12.12.0/24  Direct  0    0          D   12.12.12.1      GigabitEthernet
0/0/0
      12.12.12.1/32  Direct  0    0          D   127.0.0.1       GigabitEthernet
0/0/0
    12.12.12.255/32  Direct  0    0          D   127.0.0.1       GigabitEthernet
0/0/0
       127.0.0.0/8   Direct  0    0          D   127.0.0.1       InLoopBack0
       127.0.0.1/32  Direct  0    0          D   127.0.0.1       InLoopBack0
   127.255.255.255/32 Direct 0    0          D   127.0.0.1       InLoopBack0
    192.168.10.0/24  Direct  0    0          D   192.168.10.1    GigabitEthernet
0/0/1
    192.168.10.1/32  Direct  0    0          D   127.0.0.1       GigabitEthernet
0/0/1
  192.168.10.255/32  Direct  0    0          D   127.0.0.1       GigabitEthernet
0/0/1
    192.168.20.0/24  OSPF    10   2          D   12.12.12.12     GigabitEthernet
0/0/0
   255.255.255.255/32 Direct 0    0          D   127.0.0.1       InLoopBack0

[AR2]dis ip routing-table
Route Flags: R - relay, D - download to fib
------------------------------------------------------------------------------
Routing Tables: Public
         Destinations : 11       Routes : 11

Destination/Mask    Proto   Pre  Cost      Flags NextHop         Interface

      12.12.12.0/24  Direct  0    0          D   12.12.12.12     GigabitEthernet
0/0/0
     12.12.12.12/32  Direct  0    0          D   127.0.0.1       GigabitEthernet
0/0/0
    12.12.12.255/32  Direct  0    0          D   127.0.0.1       GigabitEthernet
0/0/0
       127.0.0.0/8   Direct  0    0          D   127.0.0.1       InLoopBack0
       127.0.0.1/32  Direct  0    0          D   127.0.0.1       InLoopBack0
   127.255.255.255/32 Direct 0    0          D   127.0.0.1       InLoopBack0
    192.168.10.0/24  OSPF    10   2          D   12.12.12.1      GigabitEthernet
0/0/0
    192.168.20.0/24  Direct  0    0          D   192.168.20.1    GigabitEthernet
0/0/1
    192.168.20.1/32  Direct  0    0          D   127.0.0.1       GigabitEthernet
0/0/1
  192.168.20.255/32  Direct  0    0          D   127.0.0.1       GigabitEthernet
0/0/1
   255.255.255.255/32 Direct 0    0          D   127.0.0.1       InLoopBack0
```

图 5-25　OSPF 路由表

使用 PC1 Ping PC2，如图 5-26 所示。

图 5-26　连通性测试

工作任务 6 排查常见网络故障

5.6.1 引起网络故障的原因

网络故障一般指由于网络系统中各个终端、网络设备、传输介质等安全问题引起的网络不能正常运行的情况。引起网络故障的原因有很多，例如物理层的网卡问题、传输介质问题；数据链路层的 MAC 地址冲突、或者遭受 ARP 欺骗；网络层的 IP 地址问题、网关配置问题；应用层的应用程序配置错误等。总结起来，我们把引起网络故障的原因归结为两个方面，硬件问题和软件问题。

1. 硬件故障

硬件故障主要指网络设备或线路出现的故障，比如说交换机、路由器的死机；网线接口松动等。

2. 软件故障

软件故障主要指设备的驱动程序问题、协议规划问题、网络服务配置问题等。

5.6.2 排除网络故障的流程

结构化故障排除是业内近几年比较通用的排除网络故障的方法，结构化排错方法可以系统地分析网络故障点位，提高网络故障排除的准确性，提高排除效率。

结构化网络故障排除方法如图 5-27 所示。

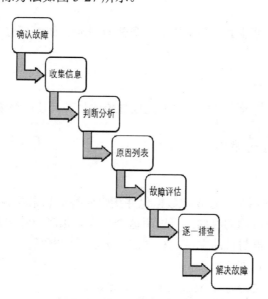

图 5-27 结构化网络故障排除方法

1. 确认故障

故障确认的主要因素有主体、表现、时间、位置。

主体：哪些业务出现故障。
表现：故障现象。
时间：故障发生的时间，方便通过设备的日志判断故障的原因。
位置：发生故障位置。

2. 收集信息

收集信息时要有足够的工具作为保障，例如电脑、配置线缆、光纤、成品双绞线等。此外，还应准备好产品说明书、技术手册、相应的配置软件等。主要收集的信息包括网络设备、网络拓扑等，通过查看设备的配置、Debug、网管软件等来收集信息。

3. 判断分析

根据故障信息、维护信息、变更信息以及自身经验做出判断，确定出最有可能的错误。可以按照以下步骤完成：检查并确定所收集信息的完整性和准确性；成立故障排除小组；确定适合本次网络故障的分析方法；组织技术专家进行故障原因讨论；列举可能的故障原因。

4. 原因列表

根据可能的故障原因列出待排查故障原因表，并对可能的网络故障原因进行排序和逐个讨论。

5. 故障评估

在故障排查的过程中搭建临时环境，针对可能的故障进行评估。

6. 逐一排查

根据故障列表中的可能的故障原因，逐条进行排查，组织研讨会，把引起网络故障的原因范围尽量缩小。

7. 解决故障

作为网络故障排除的最后阶段，主要完成故障的处理，使网络恢复到正常的运行状态。

5.6.3 常用网络测试命令

1. ping

ping 命令的主要作用是通过发送数据包并接收应答信息来检测两台计算机之间的网络是否连通。当网络出现故障的时候，可以用这个命令来预测故障和确定故障地点。ping 命令成功只是说明当前主机与目的主机之间存在一条连通的路径。

ping 命令的语法格式为：

```
ping [-t][-a][-n count][-l size][-i TTL][-v TOS] [-r count][-s count][-j host-list]|[-k host-list]][-w timeout] destination-list
```

其中主要参数的功能如下。

-t：ping 指定的主机，直到停止。若要查看统计信息并继续操作，可按 **Ctrl+Break** 组合键；若要停止，可按 **Ctrl+C** 组合键。

-a：将地址解析为主机名。
-n count：要发送的回显请求数。
-l size：发送缓冲区大小。
-f：在数据包中设置"不分段"标记(仅适用于 IPv4)。
-i TTL：生存时间。
-v TOS：服务类型(仅适用于 IPv4。该设置已被弃用，对 IP 标头中的服务类型字段没有任何影响)。
-r count：记录计数跃点的路由(仅适用于 IPv4)。
-s count：计数跃点的时间戳(仅适用于 IPv4)。
-j host-list：与主机列表一起使用的松散源路由(仅适用于 IPv4)。
-k host-list：与主机列表一起使用的严格源路由(仅适用于 IPv4)。
-w timeout：等待每次回复的超时时间(毫秒)。
destination-list：指要测试的主机名或 IP 地址。

其中，在网络中平时应用最多的是在一台计算机上直接 ping 另一台计算机的 IP 地址。

2. hostname

hostname 诊断程序逻辑用于显示当前的主机名。该命令不带任何参数。

3. ipconfig

ipconfig 诊断程序用于显示当前 TCP/IP 协议的配置情况，并对其更新或释放。当不带任何参数时，ipconfig 命令可以显示当前 TCP/IP 协议的基本配置情况，包括 IP 地址(IP Address)、子网掩码(Subnet Mask)和默认网关(Default Gateway)等。

ipconfig 命令的语法为：

```
ipconfig [/? | /all | /release [adapter] | /renew [adapter] | /flushdns |
/registerdns | /showclassid adapter [classidtoset] ]
```

其中主要参数的功能如下。
/?：显示参数项及其功能。
/all：显示 TCP/IP 协议的全部配置信息，包括主机名(Host Name)、节点类型(Node Type)、是否启动 IP 路由(IP Routing Enabled)和是否启动 WINS 代理(WINS Proxy Enabled)等。
/release：释放指定给网卡的 IP 地址。
/renew：更新指定给网卡的 IP 地址。
/flushdns：清除 DNS 解析缓冲。
/registerdns：刷新所有的 DHCP 租用并重新注册 DNS 名称。
/showclassid：显示所有的 DHCP 类 ID。

4. nbtstat

nbtstat 诊断程序用于显示当前使用 NET(NetBIOS over TCP/IP)连接 TCP/IP 协议的状态信息及统计信息等。nbtstat 命令的语法格式为(注意参数的大小写)：

```
nbtstat[[-aRemoteName][-A IP address][-c][-n][-r][-R][-RR][-s][-S][intervall]]
```

其中主要参数的功能如下。

-aRemoteName：用于显示远程计算机的 NetBIOS 名称表。

-A IP address：用计算机 IP 地址显示远程计算机列表。

-c：显示过程计算机名的 NBT(NetBIOS over TCP/IP)缓存内容和 IP 地址。

-n：显示本地计算机的 NetBIOS 名称。

-r：列出通过广播或 WINS 解析的名字。

-R：清除和重新装载远程缓冲名表。

-S：显示带有目的的 IP 地址的会话表。

-s：显示将目的 IP 地址转化为计算机名后的会话表。

-RR：将名字释放包发送给 WINS 服务器，然后进行刷新操作。

Interval：重新显示所选的统计信息，可以中断每个显示之间的 Interval 中指定的秒数。按 Ctrl+C 组合键终止重新显示统计信息。

5. netstat

netstat 诊断程序用于显示协议的统计信息及当前 TCP/IP 网络的连接状态。netstat 命令的语法格式为：

```
netstat [-a][-e][-n][-s][-p proto][-r][inteval]
```

其中主要参数的功能如下。

-a：显示所有的连接及监听端口。

-e：显示 Ethernet(以太网)的统计信息，可与-s 参数结合使用。

-n：用数字形式表示地址和端口号。

-s：显示每个协议的统计信息。默认时显示 TCP、UDP 和 IP 子协议的统计信息；如果与-p 参数结合使用，可以指定默认子网。

-p proto：显示 proto 指定协议的连接信息。proto 可以是 TCP 或 UCP 子协议。如果和-s 参数共同使用可以显示每个协议(可以是 TCP 协议、UDP 协议或 IP 协议)的统计信息。

-r：显示路由表。

6. nslookup

nslookup 命令用于显示网络中 DNS 服务器的名字。

7. tracert

tracert 诊断程序用于检查通向远程系统的路由。tracert 命令的语法格式为：

```
tracert[-d][-h maximun_hops][-j host-list][-w timeout] target_name
```

其中主要的参数及其功能如下。

-d：不解析主机名的地址。

-h maximun_hops：设定寻找目标过程的最大中转数。

8. ARP

ARP 是操作系统中用于查看和修改本地计算机的 ARP(地址解析协议)所使用的地址转换表的一个诊断程序，其语法格式为：

```
ARP -a [inet_addr][-N if_addr][-v]
ARP -s inet_addr eth_addr [if_addr]
ARP -d inet_adar[if_addr]
```

其中主要参数的功能如下。

-a：通过查询当前的协议数据来显示当前 ARP 项。如果已指定 inet_addr 参数项，则只显示指定主机的 IP 地址和物理地址。如果有一个以上的网络接口使用 ARP，将显示 ARP 表项的内容。

inet_addr：指定一个 Internet 地址。

-N if_addr：被 if_add 指定的网络接口显示 ARP 的输入项。

-v：在详细模式下显示当前 ARP 项。所有无效项和环回接口上的项都将显示。

-d：删除被 inet_addr 指定的主机。

-s：添加 ARP 缓冲中的项，以便将 Internet 地址 inet_addr 与物理地址 eth_addr 进行关联。该物理地址为由连字符分隔的 6 个十六进制字节。输入项是静态的，即超时终止后不从缓冲中自动删除，重新启动计算机后该输入项丢失。

eth_addr：指定物理地址。

if_addr：指定现有接口的 IP 地址，该接口地址转换表需要修改。现有接口不存在时，则使用第 1 个可用接口的 IP 地址。

学习任务工单　构建路由型农业产业园网络

姓名		学号		专业	
班级		地点		日期	
成员					

1．工作要求

(1) 掌握路由器基础配置方法。

(2) 掌握静态路由的配置方法。

(3) 掌握动态路由 OSPF 的配置方法。

2．任务描述

随着农业产业园的规模不断扩大，农业产业园分为北京总部、郑州分部和上海分部 3 个办公地点，各分部与总部之间使用路由器互联。公司要求通过配置路由，实现公司之间能够互相访问，如图 5-28 所示。

3．任务步骤

步骤 1：根据拓扑图连接网络设备。

步骤 2：使用 Console 口登录路由器。

步骤 3：配置主机和路由器的相关参数(主机 IP 及网关，路由器名称、密码、接口 IP)。

步骤 4：配置静态路由。

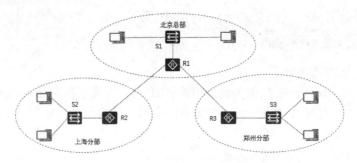

图 5-28 农业产业园总部-分部连接网络拓扑图

步骤 4：删除静态路由。
步骤 5：配置 OSPF。
步骤 6：测试网络连通性。

4. 讨论评价

(1) 任务中的问题：

(2) 任务中的收获：

教师审阅：

学生签名：
日　　期：

工单评价

国家综合布线工程验收规范制定工单评价标准(GB 50312—2007)

考核项目	考核内容	操作评价	
		满　分	得　分
农业产业园中路由器连接	成功连接路由器	10	
农业产业园路由器基本配置	Console 口登录路由器	10	
	配置主机和路由器的相关参数(主机 IP 及网关，路由器名称、密码、接口 IP)	10	
	测试与验收	10	
农业产业园路由的配置	配置静态路由并查看路由表	15	
	删除静态路由	10	
	配置动态路由并查看路由表	15	
	测试与验收	10	
合计			

知识和技能自测

| 学号： | 姓名： | 班级： | 日期： | 成绩： |

一、选择题

1. 路由器的核心功能是(   )。
   A. 数据交换　　　　B. 路由选择　　　　C. 数据缓冲　　　　D. 数据编码
2. 路由器中的路由表(   )。
   A. 需要包含到达所有主机的完整路径信息
   B. 需要包含到达所有主机的下一步路径信息
   C. 需要包含到达目的网络的完整路径信息
   D. 需要包含到达目的网络的下一步路径信息
3. 携带 ARP 应答报文的帧应该是一个(   )帧。
   A. 广播帧　　　　　B. 组播帧　　　　　C. 单播帧　　　　　D. 以上都不对
4. 在华为路由器上查看 IP 路由表的命令是(   )。
   A. display routing-table　　　　　　B. display ip route table
   C. display route table　　　　　　　D. display ip routing-table
5. 双绞线传输介质是把两根导线绞在一起，这样可以减少(   )。
   A. 信号传输时的衰减　　　　　　　　B. 外界信号的干扰
   C. 信号向外泄露　　　　　　　　　　D. 信号之间的相互串扰

二、填空题

1. 广域网的特点是_____、_____和_____。
2. 根据双绞线缆有无屏蔽层进行分类，可分为_____和_____。
3. 路由是指通过相互连接的网络将 IP 数据报从_____传往_____的过程。
4. 光纤分为_____和_____两类。
5. _____是一种需要管理员手工配置的特殊路由。

三、简述题

1. 简述 PPP 运行的过程。
2. 简述路由协议 OSPF 的工作原理。
3. 假设路由器 R1 建立了如下路由表：

目的网络	子网掩码	下一跳路由器
128.96.39.0	255.255.255.128	接口 0
128.96.39.128	255.255.255.128	接口 1
128.96.40.0	255.255.255.128	R2
192.41.53.0	255.255.255.192	R3
*(默认)		R4

现共收到 5 个分组，试分别计算其下一跳地址。

(1) 128.96.39.10
(2) 128.96.40.12
(3) 128.96.40.151
(4) 192.4.153.17
(5) 192.4.154.90

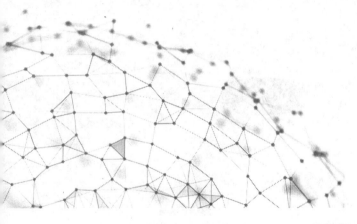

工作场景 6 DNS 服务器配置

场景引入：

某农业产业园组建了园区内网，为了使园区网中的计算机能简单快捷地访问本地网络及 Internet 上的资源，网络工程技术人员需要在园区网中架设 DNS 服务器，用来提供域名转换成 IP 地址的功能。在完成该项目之前，首先应当确定网络中 DNS 服务器的部署环境，明确 DNS 服务器的各种角色及其作用，掌握 DNS 服务器的部署方法。

知识目标：

- 了解 DNS 服务器的作用。
- 理解并掌握辅助 DNS 服务器部署方法的重要性。
- 理解 DNS 的域名空间结构及其工作过程。

能力目标：

- 理解并掌握 DNS 客户机的部署方法。
- 理解并掌握 DNS 服务器的部署方法。
- 掌握 DNS 服务的测试以及动态更新。

素质目标：

- 通过掌握 DNS 客户机和服务器的部署方法，树立正确的学习观。
- 通过掌握 DNS 服务测试，培养学生精益求精的品质。

思维导图：

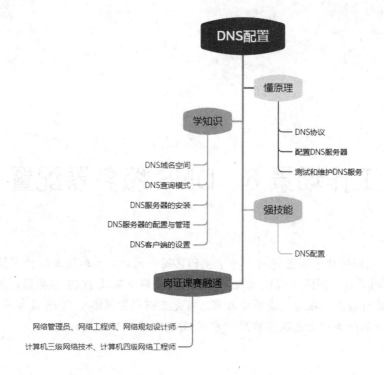

工作任务 1　认识 DNS 协议

DNS(Domain Name System)表示域名系统。在 Internet 中，DNS 域名系统承担着将域名转换成 IP 地址的功能。互联网上的每个网站和设备都必须分配一个唯一的 IP 地址才能够进行通信。

当计算机在网络上通信时，只能识别如 202.108.22.5 之类的数字地址，而这样的 IP 地址并不便于人们记忆和理解，人们更倾向于使用有代表意义的名称，如域名 www.baidu.com。因此，用户计算机在访问 www.baidu.com 时，需要先通过 DNS 域名解析系统找到相应主机的 IP 地址，然后用户计算机通过实际的 IP 地址与服务器之间进行连接。当用户在浏览器地址栏中输入如 www.baidu.com 的域名后，DNS 服务器会自动将域名"翻译"成相对应的网络地址，这样用户就能通过访问 IP 地址看到相应的页面了。

6.1.1　域名空间结构

域名系统 DNS 的核心思想是通过分级将域名和 IP 地址进行一一映射，实现域名和 IP 地址之间的相互转换的一项互联网服务。DNS 服务器是将域名和 IP 地址相互映射的一个分布式客户机服务器模式的数据库。它主要实现将主机名映射成 IP 地址，或者通过 IP 地址查询到主机名。我们把 DNS 服务器提供的域名和 IP 相互转换的服务称为域名解析服务。一般来说，每个组织都有自己的 DNS 服务器，并维护域名称映射数据库记录或资源记录。每个登记的域都将自己的数据库列表提供给整个网络复制。

目前，负责全球互联网域名根服务器和域名体系 IP 地址的管理机构是国际互联网络信息中心(Internet Network Information Center，InterNIC)。在 InterNIC 之下的 DNS 结构共分为若干个域(Domain)。图 6-1 所示的阶层式树状结构称为域名空间(Domain Name Space)结构。

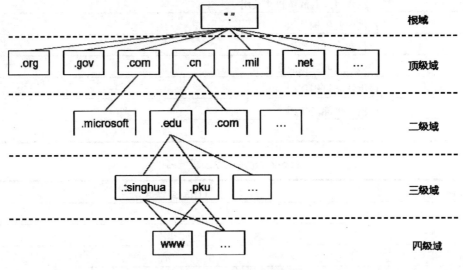

图 6-1 DNS 域名空间结构

注意：域名和主机名只能用字母 a～z(在 Windows 网络操作系统的服务器中大小写等效，而在 UNIX 网络操作系统中则不同)、数字 0～9 和连线"-"组成。其他公共字符，如连接符"&"、斜杠"/"、句点和下划线"_"都不能用于表示域名和主机名。

1. 根域

图 6-1 中，位于层次结构最高端的是域名树的根，提供根域名服务，用"."表示。在 Internet 中，根域是默认的，一般都不需要表示出来。互联网的主根服务器在美国，全世界共有 13 台根域服务器，它们分布于世界各大洲，并由 InterNIC 管理。根域名服务器中并没有保存任何网址，只有初始指针指向第一层域，也就是顶级域，如常见的.com、.org、.net 等。这些国际顶级域名的解析，需要由域名服务器提供服务，经过全球根服务器进行域名解析体系的工作才能完成。

2. 顶级域

顶级域位于根域之下，数目有限，且不能轻易变动。顶级域也是由 InterNIC 统一管理的。在 Internet 中，顶级域大致分为两类：国际通用顶级域(机构域)和各个国家/地区的顶级域(地理域)。国际通用顶级域名也叫国际域名，是使用最早和使用最广泛的域名，如".com"表示公司企业，".net"表示网络服务，".org"表示非盈利组织等，如表 6-1 所示。国家/地区的顶级域名也叫国别域名，是按照国家的不同分配不同的后缀，如".cn"表示中国，".us"表示美国，".jp"表示日本等，如表 6-2 所示。随着通用顶级域名的资源匮乏，新通用顶级域名应运而生，表 6-3 所示为部分新增顶级域名。

表 6-1　常用类别顶级域名

域　名	机构类型
.gov	供政府及其属下机构使用
.com	供商业机构使用
.edu	供教育机构使用
.net	供网络服务供应商使用
.org	供社会组织使用
.mil	供军事部门使用
.int	供国际组织使用

表 6-2　常用国家顶级域名

域　名	国家或地区
.cn	中国
.us	美国
.jp	日本
.uk	英国
.fr	法国
.kr	韩国
.de	德国

表 6-3　部分新增顶级域名

域　名	机构类型
.museum	供博物馆使用
.aero	供航空运输业使用
.name	供家庭及个人使用
.coop	供联合会 (cooperatives)使用
.post	供邮政服务使用
.biz	供商业使用
.jobs	供求职相关网站使用

3. 子域

在 DNS 域名空间中，除了根域和顶级域之外，其他域都称为子域。子域是有上级域的域，一个域可以有许多个子域。子域是相对而言的，如 www.tsinghua.edu.cn 中，tsinghua.edu 是 cn 的子域，tsinghua 是 edu.cn 的子域。

和根域相比，顶级域实际是处于第二层的域，但它们还是被称为顶级域。根域从技术的含义上是一个域，但常常不被当作一个域。根域只有很少几个根级成员，它们的存在只是为了支持域名树的存在。

第二层域(顶级域)是属于单位团体或地区的，用域名的最后一部分即域后缀来分类。例如，域名 edu.cn 代表中国的教育系统。多数域后缀可以反映使用这个域名所代表的组织的性质，但并不总是很容易通过域后缀来确定所代表的组织、单位的性质。

4. 主机

在域名层次结构中，主机可以存在于根以下的各层上。由于域名树是层次型的而不是平面型的，因此要求主机名在每一连续的域名空间中是唯一的，而在相同层中可以有相同的名字。如 www.baidu.com、www.tsinghua.edu.cn 都是有效的主机名。也就是说，即使这些主机有相同的名字 www，但都可以被正确地解析到唯一的主机。即只要主机是在不同的子域，就可以重名。

6.1.2 域名解析

DNS 提供的服务就是把域名和 IP 地址进行一一映射，让人们通过注册的域名可以方便地访问到网站的一种服务。域名解析的内容不仅包括将域名转换为 IP 地址，还包括将 IP 地址映射到域名。

1. DNS 的工作方式

DNS 的工作方式包括静态映射和动态映射两种。

1) 静态映射

在每台设备上都配置从主机到 IP 地址的映射，各个设备对映射表进行独立维护，而且只供本设备使用。

2) 动态映射

专门建立一套域名解析系统，只在专门的 DNS 服务器上配置从主机到 IP 地址的映射。当设备需要通过网络使用主机名进行通信时，首先需要通过 DNS 服务器查询主机所对应的 IP 地址。

2. 域名解析过程

域名解析是将人类易于记忆的域名转换为机器识别的 IP 地址的过程。这个过程通常由一个称为域名系统（DNS）的分布式数据库网络来完成。下面是域名解析的基本步骤。

(1) 用户输入域名：当用户在浏览器中输入一个网址（例如：www.example.com）并按下回车键时，域名解析过程开始。

(2) 查询本地 DNS 缓存：浏览器或操作系统首先检查本地 DNS 缓存，看是否有该域名的 IP 地址记录。如果缓存中有记录且未过期，就直接使用该 IP 地址，解析过程结束。

(3) 查询本地 DNS 服务器：如果本地缓存中没有记录，浏览器会向配置的本地 DNS 服务器发送查询请求。

(4) 递归查询：本地 DNS 服务器如果也没有该域名的记录，它将开始递归查询过程。首先，它会查询根 DNS 服务器，获取负责该顶级域名（如.com、.org）的顶级域名服务器的地址。

(5) 查询顶级域名服务器：本地 DNS 服务器接着查询顶级域名服务器，获取负责该域名的权威 DNS 服务器的地址。

(6) 查询权威 DNS 服务器：本地 DNS 服务器查询权威 DNS 服务器以获取域名对应的

IP 地址。

(7) 缓存 IP 地址：一旦获得 IP 地址，本地 DNS 服务器会将其缓存起来，以备将来使用，并将 IP 地址返回给发起查询的客户端。

(8) 客户端连接到服务器：客户端（浏览器）接收到 IP 地址后，会使用该地址尝试连接到目标服务器。

(9) 建立连接并加载网页：一旦连接建立，浏览器就可以请求网页数据，并开始加载网页内容。

在这个过程中，DNS 还可以使用各种优化技术，如使用更快的 Anycast 网络，或者通过 DNS 负载均衡来分散请求到多个服务器，以提高响应速度和可靠性。

岗课赛证融通

主域名服务器在接收到域名请求后，首先查询的是(　　)。(选自网络工程师认证考试真题)

　　A. 本地 hosts 文件　　　　　　B. 转发域名服务器
　　C. 本地缓存　　　　　　　　　D. 授权域名服务器

工作任务 2　配置 DNS 服务器

6.2.1　部署需求

在部署 DNS 服务器之前，设置 DNS 服务器的 TCP/IP 属性，手动指定 IP 地址、子网掩码、默认网关和 DNS 服务器地址等。

6.2.2　部署环境

工作任务的所有实例部署在同一个网络环境下，DNS1、DNS2、DNS3、DNS4 是 4 台不同角色的 DNS 服务器，网络操作系统是 Windows Server 2019。Client 是 DNS 客户端，安装 Windows Server 2019 或 Windows 10 操作系统。

6.2.3　项目实施

1. 添加 DNS 服务器

设置 DNS 服务器的首要任务就是建立 DNS 区域和域的树状结构。DNS 服务器以区域为单位来管理服务。区域是一个数据库，用来链接 DNS 名称和相关数据，如 IP 地址和网络服务，在 Internet 环境中一般用二级域名来命名，如 computer.com。而 DNS 区域分为两类：一类是正向搜索区域，即域名到 IP 地址的数据库，用于提供将域名转换为 IP 地址的服务；另一类是反向搜索区域，即 IP 地址到域名的数据库，用于提供将 IP 地址转换为域名的服务。

(1) 单击"开始"按钮，选择"管理工具"→"管理"→"添加角色和功能"选项，如图 6-2 所示。

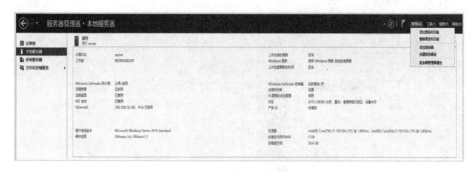

图 6-2　选择"添加角色和功能"选项

（2）单击"服务器角色"按钮，勾选"DNS 服务器"复选框，单击"添加功能"按钮，如图 6-3 所示。

图 6-3　选择服务器角色

（3）单击"确认"按钮确认安装所选内容，然后单击"安装"按钮进行安装，如图 6-4 所示。

（4）安装完成后，单击"关闭"按钮，关闭 DNS 服务器角色的安装，如图 6-5 所示。

图 6-4　确认安装所选内容

图 6-5　关闭 DNS 服务器角色的安装

(5) DNS 安装完毕，如图 6-6 所示。

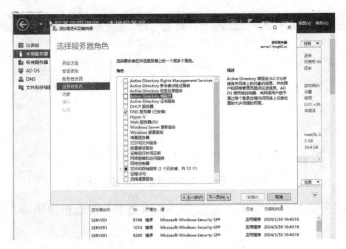

图 6-6　DNS 服务器角色关闭

2. 配置 DNS 服务器正向查找区域

在实际应用中，DNS 服务器一般会与活动目录区域集成，当安装完成 DNS 服务器，新建区域后，直接提升该服务器为域控制器，将新建区域更新为活动目录集成区域。

1) 创建正向主要区域

在 DNS 服务器创建正向主要区域 test.com，具体步骤如下。

(1) 返回"服务器管理器"界面，选择"工具"→DNS 选项，打开 DNS 管理器控制台，如图 6-7 所示。

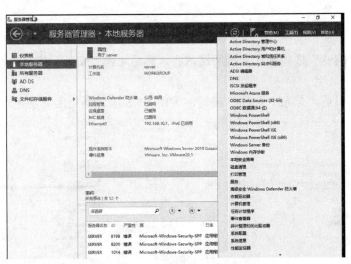

图 6-7　DNS 管理器控制台

(2) 单击 DNS 展开服务器目录树，右击"正向查找区域"选项，在弹出的快捷菜单中选择"新建区域"命令，如图 6-8 所示。

(3) 根据新建区域向导进行 DNS 的配置，单击"下一步"按钮，如图 6-9 所示。

(4) 在"区域类型"界面创建一个主要区域，单击"下一步"按钮，如图 6-10 所示。

工作场景 6　DNS 服务器配置

图 6-8　展开服务器目录树

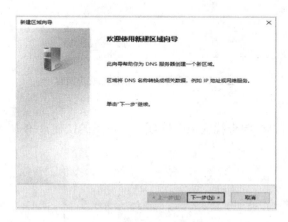

图 6-9　新建区域向导

图 6-10　创建主要区域

(5) 在弹出的"区域名称"界面创建一个区域名称，例如 test.com，单击"下一步"按钮，如图 6-11 所示。

(6) 在"区域文件"界面中创建一个正向区域文件，例如 test.com.dns，单击"下一步"按钮，如图 6-12 所示。

图 6-11　创建区域名称

图 6-12　创建正向区域文件

(7) 在"动态更新"界面中选中"不允许动态更新"单选按钮，单击"下一步"按钮，如图 6-13 所示。

(8) 单击"完成"按钮，完成 DNS 正向区域的创建，如图 6-14 所示。

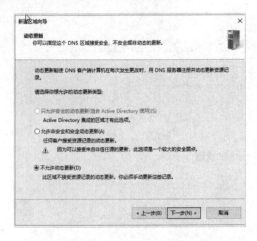
图 6-13　不允许动态更新

图 6-14　完成 DNS 正向区域的创建

2) 创建 DNS 反向查找区域

(1) 单击 DNS 展开服务器目录树，右击"反向查找区域"选项，在弹出的快捷菜单中选择"新建区域"命令，如图 6-15 所示。

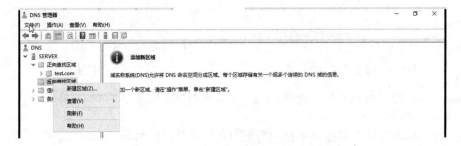
图 6-15　展开服务器目录树

(2) 根据新建区域向导进行 DNS 的配置，单击"下一步"按钮，如图 6-16 所示。

(3) 在"区域类型"界面创建一个主要区域，单击"下一步"按钮，如图 6-17 所示。

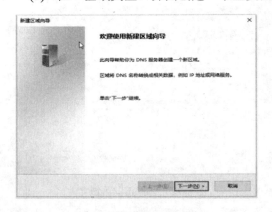
图 6-16　新建区域向导

图 6-17　创建主要区域

(4) 在"反向查找区域名称"界面创建一个 IPv4 反向查找区域，单击"下一步"按钮，如图 6-18 所示。

(5) 在"反向查找区域名称"界面创建一个网络 ID 标识反向查找区域,例如 192.168.10,单击"下一步"按钮,如图 6-19 所示。

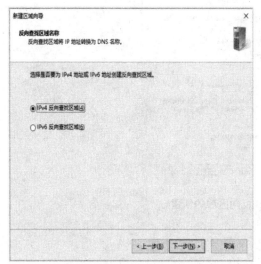 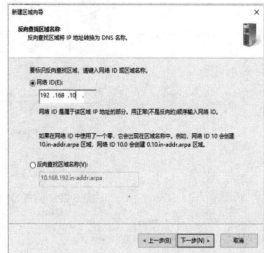

图 6-18　创建 IPv4 反向查找区域　　　　图 6-19　创建网络 ID 标识反向查找区域

(6) 在"区域文件"界面创建一个反向区域文件,输入文件名,例如 10.168.192.in-addr.arpa.dns,单击"下一步"按钮,如图 6-20 所示。

(7) 在"动态更新"界面,选中"不允许动态更新"单选按钮,单击"下一步"按钮,如图 6-21 所示。

 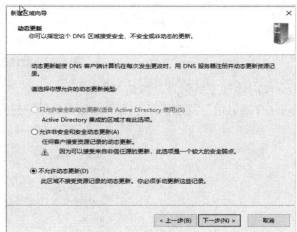

图 6-20　创建反向区域文件　　　　图 6-21　不允许动态更新

(8) 单击"完成"按钮,完成 DNS 反向区域的创建,如图 6-22 所示。

3) 添加 DNS 正反向解析数据

(1) 右击 test.com,在弹出的快捷菜单中选择"新建主机"命令,如图 6-23 所示。

图 6-22 完成 DNS 反向区域的创建

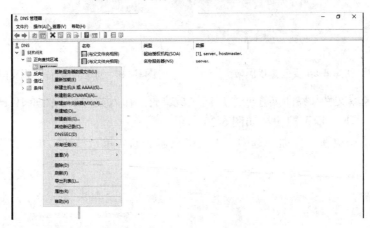

图 6-23 新建主机

(2) 添加主机信息，例如名称为 www，IP 地址为 192.168.10.100，勾选 "创建相关的指针(PTR)记录" 复选框，单击 "添加主机" 按钮完成添加，如图 6-24 所示。

图 6-24 添加主机信息

工作任务 3　测试与维护 DNS 服务器

部署完 DNS 服务器并启动 DNS 服务后，应该对 DNS 服务器进行测试，最常用的测试工具是 nslookup 和 ping 命令。

（1）按 Win+R 组合键打开"运行"对话框，输入 cmd 命令，如图 6-25 所示。

图 6-25　"运行"对话框

（2）在命令行中输入命令 nslookup 对 www.test.com 和 192.168.10.100 解析。将 www.test.con 解析为 192.168.10.100，将 192.168.10.100 解析为 www.test.com，如图 6-26 所示。

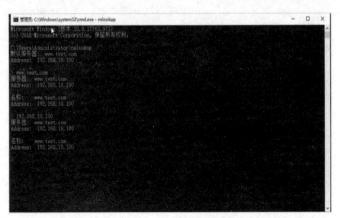

图 6-26　测试 DNS 服务

学习任务工单　配置与管理 DNS 服务器

姓名		学号		专业	
班级		地点		日期	
成员					

1. 工作要求

（1）了解 DNS 服务器的作用。

（2）理解 DNS 的域名空间结构及其工作过程。

（3）掌握 DNS 服务器的部署方法。

(4) 掌握 DNS 服务的测试。

2. 任务描述

农业产业园为了使园区网中的计算机简单快捷地访问本地网络及 Internet 上的资源，需要在园区网中架设 DNS 服务器，请配置并测试 DNS 服务。

3. 任务步骤

步骤 1：安装 DNS 服务，完成安装后将结果截图。

步骤 2：创建正向查找区域，区域名称为 aa.com；创建反向查找区域，网络 ID 为 10.22.工位号，并将结果截图。

步骤 3：在正向查找区域，创建指针记录，域名为 www.aa.com，IP 地址为 10.22.工位号.1；在反向查找区域，创建指针记录，主机地址为 10.22.工位号.1，主机名为 www.aa.com，并将结果截图。

步骤 4：使用 ping www.aa.com 测试能否进行域名解析，并将结果截图。

步骤 5：使用 nslookup 10.22.工位号.1 测试能否进行域名解析，并将结果截图。

步骤 6：把 DNS 服务器安全备份，导出备份文件，并将关键操作过程截图。

4. 讨论评价

(1) 任务中的问题：

(2) 任务中的收获：

教师审阅：

学生签名：
日　　期：

工单评价

国家综合布线工程验收规范制定工单评价标准(GB 50312—2007)

考核项目	考核内容	操作评价	
		满　分	得　分
DNS 服务的安装	成功安装 DNS 服务	10	
配置 DNS	创建正向查找区域	20	
	创建反向查找区域	20	
测试 DNS	使用 ping 命令测试	20	
	使用 nslookup 命令测试	20	
	备份 DNS	10	
合计			

知识和技能自测

学号：	姓名：	班级：	日期：	成绩：

一、选择题

1. 以下有关 DNS 的说法正确的是(　　)。
   A. DNS 是域名服务系统的简称
   B. DNS 把难记忆的 IP 地址转换成人们容易记忆的数字形式
   C. DNS 按分层管理，CN 是二级域名，表示中国
   D. 一个后缀为 gov 的网站，表明它是一个商业公司

2. DNS 的作用是(　　)。
   A. 为客户机分配 IP 地址　　　　B. 访问 HTTP 的应用程序
   C. 实现域名与 IP 地址的解析　　D. 将 MAC 地址翻译为 IP 地址

3. 在互联网中使用 DNS 的好处是(　　)。
   A. 友好性高，比 IP 地址记忆方便　　B. 域名比 IP 地址更具有持续性
   C. 没有任何好处　　　　　　　　　　D. 访问速度比 IP 地址快

二、填空题

1. 正向搜索区域就是从_____到_____的映射区域，而反向搜索区域就是从_____到_____的映射区域。
2. DNS 域名最左边的标号一般标识为网络上的一个_____。
3. 用于教育，如公立和私立学校、学院和大学等的顶级域为_____。

三、简述题

以 mail.126.com 为例，说明域名的结构和 DNS 的服务原理。

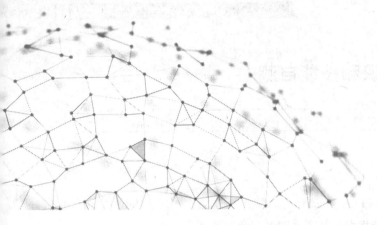

工作场景 7　DHCP 配置

场景引入：

某农业产业园已经组建了园区内网，然而随着笔记本电脑的普及，用户需要实现移动办公。当计算机移动时，要想保证网络通畅，就必须由网络管理员重新规划网络，分配 IP 地址，这样给工作带来很大的不便。而在网络中部署 DHCP 服务器，可以使用户无论处于网络中什么位置，都不需要配置 IP 地址、默认网关等信息就能够轻松上网。

知识目标：

- 了解 DHCP 服务器在网络中的作用。
- 理解 DHCP 的工作过程。
- 理解在网络中部署 DHCP 服务器的解决方案。

技能目标：

- 理解并掌握 DHCP 服务器的基本配置方法。
- 理解并掌握主 DHCP 客户端的配置和测试方法。
- 掌握常见 DHCP 服务器的维护方法。

素质目标：

- 通过掌握 DHCP 服务器的配置方法，树立正确的学习观。
- 通过掌握 DHCP 服务器的维护方法，培养学生爱岗敬业的优秀品质。

思维导图：

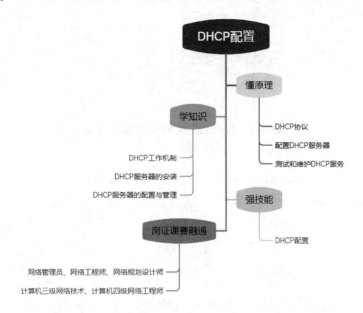

工作任务 1　认识 DHCP 协议

我们知道，在 TCP/IP 协议的网络中，每台计算机必须有至少一个 IP 地址，才能与其他计算机建立通信。如果 IP 地址需要管理员手动设置的话，将是一件非常烦琐的事情。为了统一规划和管理 IP 地址，于是出现了动态主机配置协议(Dynamic Host Configuration Protocol，DHCP)。DHCP 是自动配置 IP 地址的方法，可以自动为局域网中的每台计算机分配 IP 地址，配置 TCP/IP，包括 IP 地址、子网掩码、网关及 DNS 服务器等。这样不仅能够有效解决 IP 地址冲突问题，还能及时回收 IP 地址以提高 IP 地址的利用率。

工作任务 2　配置 DHCP 服务器

7.2.1　DHCP 服务器的安装

首先，担任 DHCP 服务器的计算机必须安装 Windows Server 2019 系统；其次，需要安装 TCP/IP 协议，并设置静态 IP 地址、子网掩码、默认网关等。

(1) 以超级管理员权限进入 Windows Server 2019 系统，打开该系统的开始菜单，单击"开始"按钮，选择"管理工具"→"管理"→"添加角色和功能"选项，如图 7-1 所示。

(2) 单击"服务器角色"按钮，勾选"DHCP 服务器"复选框，单击"添加功能"按钮，如图 7-2 所示。

(3) 单击"确认"按钮，确认安装所选内容，单击"安装"按钮进行安装，如图 7-3 所示。

(4) 单击"关闭"按钮，关闭 DHCP 服务器角色的安装，如图 7-4 所示。

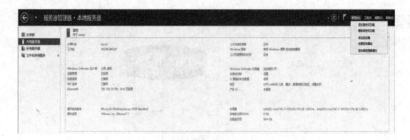

图 7-1 选择"添加角色和功能"选项

图 7-2 选择服务器角色

图 7-3 确认安装所选内容

图 7-4 关闭 DHCP 服务器角色的安装

(5) 返回"服务器管理器"界面单击 DHCP 对服务器进行授权，如图 7-5 所示。

图 7-5　对 DHCP 服务器进行授权

7.2.2　DHCP 服务器的配置

(1) DHCP 服务器安装完成后，为完善 DHCP 的功能，需要对 DHCP 的相关参数进行配置。选择"工具"→DHCP 选项，进入 DHCP 配置界面，如图 7-6 所示。

(2) 打开 DHCP 控制台，右击 IPv4 选项，在弹出的快捷菜单中选择"新建作用域"命令，如图 7-7 所示。

图 7-6　DHCP 配置界面

图 7-7　新建作用域

(3) 在打开的"新建作用域向导"界面，单击"下一步"按钮，如图 7-8 所示。

(4) 在"作用域名称"界面创建一个名称为 test 的作用域，单击"下一步"按钮，如图 7-9 所示。

(5) 在"IP 地址范围"界面，设置 DHCP 服务器的地址为 192.168.10.50～192.168.10.99，单击"下一步"按钮，如图 7-10 所示。

(6) 在"添加排除和延迟"界面不排除 IP 地址，单击"下一步"按钮，如图 7-11 所示。

图 7-8　设置作用域

图 7-9　创建 test 作用域

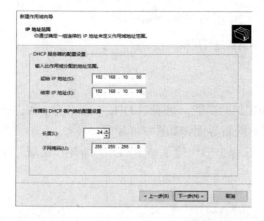

图 7-10　设置 DHCP 服务器的地址

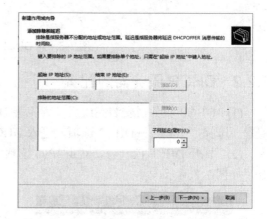

图 7-11　不排除 IP 地址

（7）在"租用期限"界面中暂不设置租用期限，单击"下一步"按钮，如图 7-12 所示。

（8）在"配置 DHCP 选项"界面配置网关、DNS 等选项，单击"下一步"按钮，如图 7-13 所示。

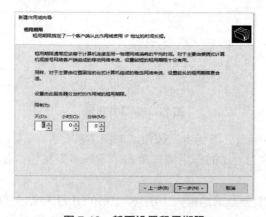

图 7-12　暂不设置租用期限

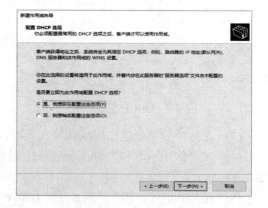

图 7-13　配置网关、DNS

（9）在"路由器(默认网关)"界面输入网关 IP 地址 192.168.10.100，单击"添加"按钮，然后单击"下一步"按钮，如图 7-14 所示。

(10) 在"域名称和 DNS 服务器"界面，设置 DNS 指向 192.168.10.100，单击"下一步"按钮，如图 7-15 所示。

图 7-14 输入网关 IP 地址

图 7-15 DNS 指向 IP 地址

(11) 在"WINS 服务器"界面中暂不配置 WINS 服务器，单击"下一步"按钮，如图 7-16 所示。

(12) 在"激活作用域"界面，选中"是，我想现在激活此作用域"单选按钮，单击"下一步"按钮，如图 7-17 所示。

图 7-16 暂不配置 WINS 服务器　　　　　图 7-17 激活作用域

(13) 在"正在完成新建作用域向导"界面，单击"完成"按钮，如图 7-18 所示。

图 7-18 完成作用域的创建

工作任务 3　测试 DHCP 服务器

(1) 新建一个虚拟机，将客户端与服务器设置在同一网段，IP 地址获取方式为自动获得，如图 7-19 所示。

(2) 按 Win+R 组合键打开"运行"对话框，输入 cmd 命令，如图 7-20 所示。

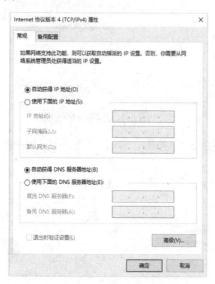

图 7-19　新建虚拟机　　　　　　　　图 7-20　"运行"对话框

(3) 在命令行中输入 ipconfig /release 命令释放掉之前获取的 IP 地址，输入 ipconfig/renew 命令重新获取 IP 地址。重新获取地址为 192.168.10.50，属于 DHCP 服务器中分配的地址，如图 7-21 所示。

图 7-21　测试结果

学习任务工单　配置与管理 DHCP 服务器

姓名		学号		专业	
班级		地点		日期	
成员					

1. 工作要求

(1) 掌握 DHCP 服务器的配置方法。
(2) 掌握 DHCP 用户类别的配置方法。
(3) 掌握 DHCP 服务的测试方法。

2. 任务描述

农业产业园要搭建 DHCP 服务器，为园区网中的计算机动态分配 IP 等参数，请配置并测试 DHCP 服务。

3. 任务步骤

步骤 1：安装 DHCP 服务，完成安装后将结果截图。
步骤 2：根据 DHCP 服务器的建构要求进行配置，并将结果截图。
步骤 3：为 DHCP 服务器授权，并将结果截图。
步骤 4：在客户端进行测试验证，并将结果截图。

4. 讨论评价

(1) 任务中的问题：

(2) 任务中的收获：

教师审阅：

学生签名：
日　　期：

工单评价

国家综合布线工程验收规范制定工单评价标准(GB 50312—2007)

考核项目	考核内容	操作评价	
		满 分	得 分
DHCP 服务的安装	成功安装 DHCP 服务	20	
配置 DHCP	成功配置 DHCP	60	
测试 DHCP	完成 DHCP 测试	20	
合计			

知识和技能自测

学号：　　　　姓名：　　　　班级：　　　　日期：　　　　成绩：

一、选择题

1. 网络管理员在网络中部署了一台 DHCP，发现部分主机获取到的地址不属于该 DHCP 地址池的指定范围，可能的原因是(　　)。

①网络中存在其他效率更高的 DHCP 服务器　②部分主机与该 DHCP 通信异常　③部分主机自动匹配 127.0.0.0 段地址　④该 DHCP 地址池中的地址已经分完

  A. ①④　　　　B. ①③④　　　　C. ①②④　　　　D. ①②

2. 下面关于 DHCP 的描述中，错误的是(　　)。

  A. 可以动态地为主机分配 IP 地址

  B. DHCP Discover 报文是单播报文

  C. 基于 UDP

  D. 当 DHCP 客户端与服务器不在同一个子网时，可以通过 DHCP 中继代理实现

3. DHCP 客户端在首次启动时向 DHCP 服务器发送分配 IP 地址的请求报文，之后 DHCP 客户端还需要再发送一次(　　)报文来确认可用的 DHCP 服务器。

  A. DhcpRequest　　　B. DhcpDiscovery　　　C. DhcpOffer　　　D. DhcpACK

二、填空题

1. DHCP 客户机使用的 IP 地址范围是_____。

2. _____服务器能够为客户机动态分配 IP 地址。

3. DHCP 客户端发送 IP 租用请求 DISCOVER 报文，其源地址是_____。

三、简述题

简述 DHCP 的工作原理。

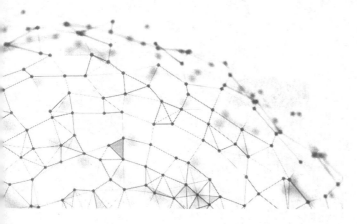

工作场景 8　WWW 配置

场景引入：

目前，某农业产业园的网站已经实现了信息发布、检索查询、站点导航、在线招聘、电子邮件等功能。要实现这些功能必须要依托 Web 服务来实现。

知识目标：

- 了解 Web 服务器的作用。
- 掌握 WWW 服务器的配置方法。
- 掌握维护 Web 站点的方法。

技能目标：

- 能够安装与配置 IIS。
- 能够创建 Web 站点和虚拟主机。
- 能够配置与管理 Web 站点。
- 能够管理 Web 站点的目录。

素质目标：

- 通过掌握 WWW 服务器的配置方法，树立正确的学习观。
- 通过掌握 Web 站点的管理，培养学生精益求精的品质。

思维导图：

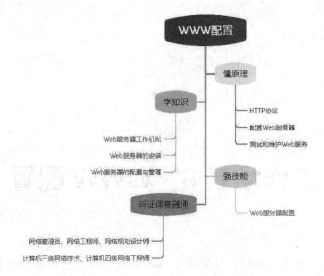

工作任务 1　认识 WWW 协议

Web 服务是通过万维网(World Wide Web，WWW)基于超文本传输协议(Hyper Text Transfer Protocol，HTTP)进行通信的服务器和客户端应用程序。Web 服务提供了在各种平台和框架上运行的软件应用程序之间进行相互操作的标准方法。

互联网的 Web 平台种类繁多，如 Windows 平台常用的 IIS 和 Apache，还有 IBM WebSphere、BEA WebLogic、Tomcat 等 Web 服务器产品。

工作任务 2　配置 WWW 服务器

8.2.1　安装 Web 服务器

（1）单击"开始"按钮，选择"管理工具"→"管理"→"添加角色和功能"选项，如图 8-1 所示。

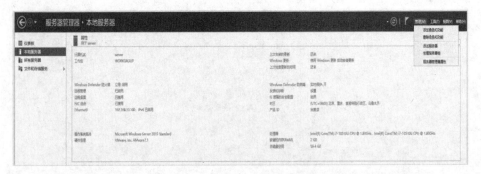

图 8-1　添加角色和功能

(2) 单击"服务器角色"，勾选"Web 服务器"复选框，单击"添加功能"按钮，如图 8-2 所示。

图 8-2　选择服务器角色

(3) 单击"确认"按钮，确认安装所选内容，然后单击"安装"按钮进行安装，如图 8-3 所示。

图 8-3　确认安装所选内容

(4) 单击"关闭"按钮，关闭 Web 服务器角色的安装，如图 8-4 所示。

图 8-4　关闭 Web 服务器角色的安装

8.2.2 创建 Web 网站

(1) 返回"服务器管理器"界面,选择"工具"→"Internet Information Servers(IIS)管理器"选项,如图 8-5 所示。

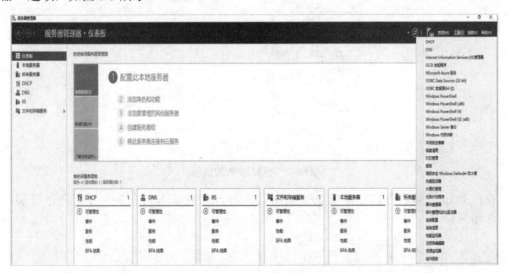

图 8-5 选择"Internet Information Servers(IIS)管理器"选项

(2) 在控制台目录树中依次展开服务器和"网站"节点,右击 Default Web Site 选项,在弹出的快捷菜单中选择"管理网站"→"停止"命令,如图 8-6 所示。

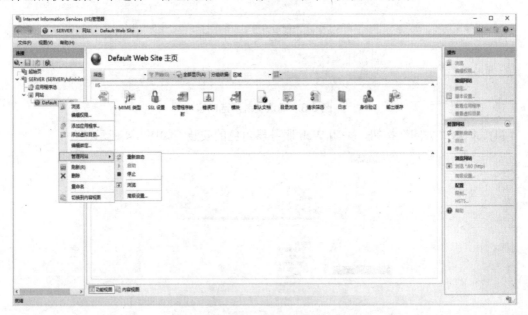

图 8-6 展开服务器和"网站"节点

(3) 在控制台目录树中依次单击服务器,然后双击"默认文档"选项,如图 8-7 所示。

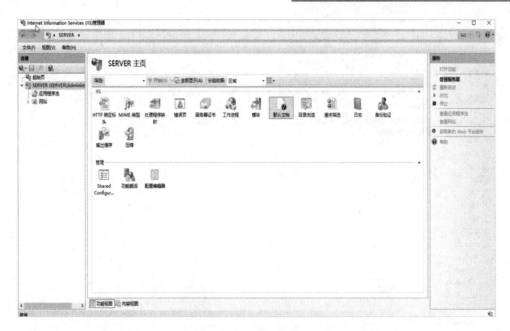

图 8-7 控制台目录树中确认

（4）右击添加的默认文档，例如 test.html，弹出"添加默认文档"对话框，如图 8-8 所示。注意：如果 Web 网站无法找到文件中的任何一个，那么，将在 Web 浏览器上显示"该页面无法显示"的提示。

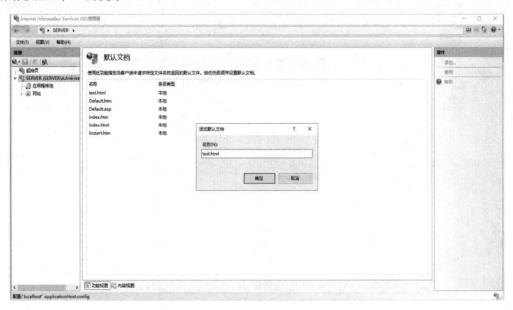

图 8-8 "添加默认文档"对话框

（5）在 C 盘下创建 Web 文件夹用于存放首页文件，更改首页文件名为 test，更改后缀为 html，输入内容为"这是一个 test 界面"，如图 8-9 所示。

（6）在控制台目录树中依次展开服务器和"网站"节点，右击"网站"选项，在弹出的快捷菜单中选择"添加网站"命令，如图 8-10 所示。

图 8-9 设置 Web 文件夹

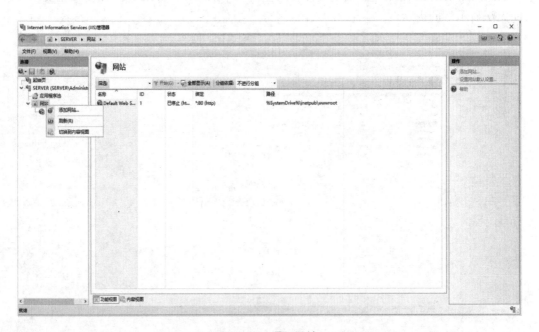

图 8-10 添加网站

(7) 创建一个名称为"www",物理路径为 C:\web,IP 地址为 192.168.10.100 的网站,如图 8-11 所示。

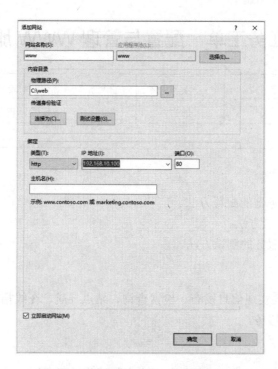

图 8-11 创建网站名称、物理路径和 IP

工作任务 3　测试与维护 WWW 服务器

安装完成后还要测试是否安装正常，在浏览器中输入网址 http://192.168.10.100，如果链接成功，则会出现如图 8-12 所示的网页。

图 8-12 测试成功界面

学习任务工单　配置与管理 WWW 服务器

姓名		学号		专业	
班级		地点		日期	
成员					

1. 工作要求

(1) 掌握 Web 服务器的配置方法。

(2) 掌握 IIS 的安装方法。

(3) 掌握 WWW 服务的测试方法。

2. 任务描述

农业产业园网站要实现信息发布、检索查询、站点导航、在线招聘、电子邮件等功能，请配置并测试 WWW 服务。

3. 任务步骤

步骤 1：安装 Web 服务器 IIS 服务，完成安装后将结果截图。

步骤 2：测试 IIS，并将结果截图。

步骤 3：创建 Web 站点，并将结果截图。

步骤 4：创建虚拟目录，并将结果截图。

步骤 5：设置 Web 站点的权限。

步骤 6：设置验证方法。

4. 讨论评价

(1) 任务中的问题：

(2) 任务中的收获：

教师审阅：

学生签名：

日　　期：

工单评价

国家综合布线工程验收规范制定工单评价标准(GB 50312—2007)

考核项目	考核内容	操作评价	
		满 分	得 分
Web 服务器的安装	成功安装 Web 服务器	20	
Web 服务器的配置	成功配置 Web 服务器	60	
Web 服务器的测试	完成 Web 服务测试	20	
合计			

知识和技能自测

学号：　　　　　　姓名：　　　　　　班级：　　　　　　日期：　　　　　　成绩：

一、选择题

1. 针对 Internet 中的 Web 服务器，以下说法错误的是(　　)。
   A. Web 服务器必须具有创建和编辑 Web 页面的功能
   B. Web 服务器也称为 WWW 服务器
   C. Web 服务器中存储的通常是符合 HTML 规范的文档
   D. Web 客户端程序也称为 Web 浏览器

2. 在 Windows Server 2016 上发布 Web 服务，需要安装下列(　　)组件。
   A. IIS 服务　　　　B. TCP/IP 协议　　　C. DNS 服务　　　D. FTP 服务

3. 在 Web 服务网址中，http 代表(　　)。
   A. 地址　　　　　　B. 协议　　　　　　C. 主机　　　　　D. TCP/IP

二、填空题

1. WWW 也被称为_____，它起源于_____。
2. Internet 中的 Web 服务使用的协议是_____。
3. Web 服务器的默认端口号是_____。

三、简述题

为什么要为 Web 站点设置主目录？

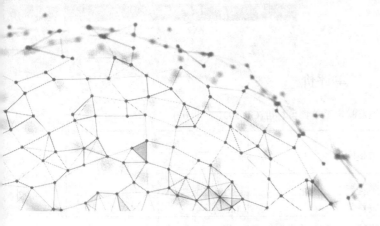

工作场景 9　FTP 配置

场景引入：

随着信息化建设的推进，某农业产业园的园区网中普通的文件存储已经不能满足园区的要求，比如生产部、财务部、营销部、仓库等的文件资料和大型数据文件。如果使用 FTP 文件服务器，则可以实现文件共享且统一管理，这样不仅维护成本低，而且能够定期备份，保障文件安全。

为了提高文件的共享性和数据传送的高效性，就需要搭建 FTP 服务。

知识目标：

- 了解 FTP 服务器的作用。
- 掌握 FTP 服务器的配置方法。
- 掌握维护 FTP 的方法。

技能目标：

- 能够安装 FTP 服务。
- 能够配置 FTP 服务。
- 能够测试 FTP 服务。

素质目标：

- 通过掌握 FTP 服务器的配置方法，树立正确的学习观。
- 通过掌握 FTP 的管理，培养学生精益求精的品质。

思维导图：

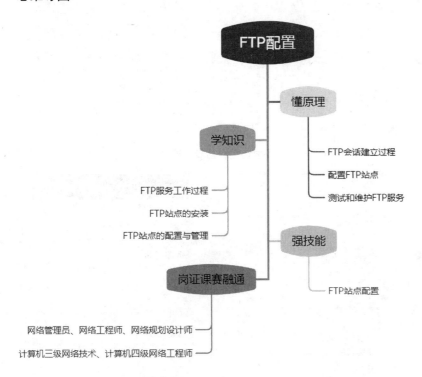

工作任务 1　认识 FTP 协议

文件传输协议(File Transfer Protocol，FTP)是用于在网络上传输文件的一套标准的通信协议，它工作在应用层。FTP 服务就是文件传输服务，FTP 客户端可以从 FTP 服务器上下载文件，也可以将文件上传到 FTP 服务器。

FTP 服务能够使文件通过网络从一台主机传送到另一台计算机上却不受计算机和操作系统类型的限制。无论是 PC、服务器、大型机，还是 iOS、Linux、Windows 操作系统，只要双方都支持 FTP，就可以方便、可靠地传送文件。FTP 服务具有更强的文件传输可靠性和更高的效率。

工作任务 2　配置 FTP 服务器

9.2.1　安装 FTP 服务器

(1) 单击"开始"按钮，选择"管理工具"→"管理"→"添加角色和功能"选项，如图 9-1 所示。

(2) 单击"服务器角色"按钮，勾选"Web 服务器"复选框，单击"添加功能"按钮，如图 9-2 所示。

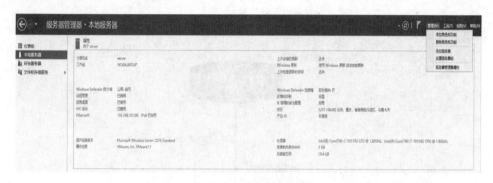

图 9-1 选择"添加角色和功能"选项

图 9-2 选择服务器角色

(3) 单击"角色服务"按钮,勾选"FTP 服务器"复选框,单击"下一步"按钮,如图 9-3 所示。

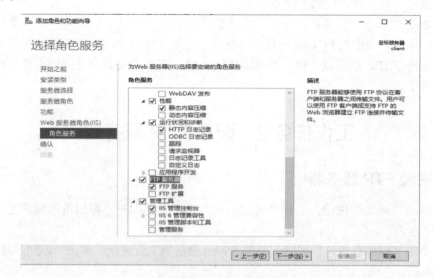

图 9-3 选择角色服务

(4) 单击"确认"按钮，确认安装所选内容，然后单击"安装"按钮进行安装，如图 9-4 所示。

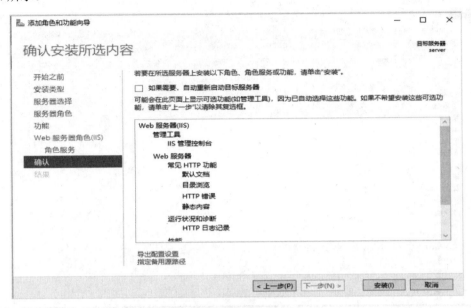

图 9-4　确认安装所选内容

(5) 单击"关闭"按钮，关闭 Web 服务器角色的安装，如图 9-5 所示。

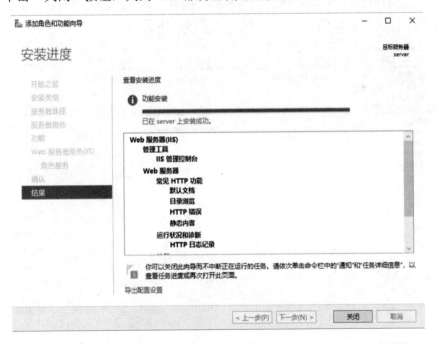

图 9-5　关闭 Web 服务器角色的安装

9.2.2　配置 FTP 服务器

(1) 在 C 盘下创建 FTP 文件夹作为 FTP 根目录，在目录下创建一个 test 文件，如图 9-6

所示。

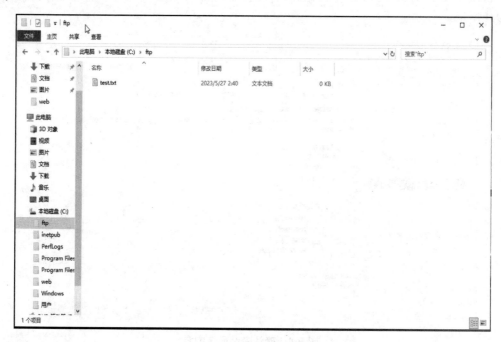

图 9-6　创建 FTP 文件夹

（2）在控制台目录树中依次展开服务器和"网站"节点，右击"网站"选项，在弹出的快捷菜单中选择"添加 FTP 站点"命令，如图 9-7 所示。

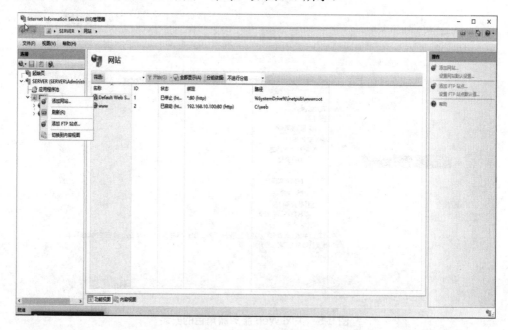

图 9-7　添加 FTP 站点

(3) 添加一个站点名称为 FTP，物理路径为 C:\ftp 的站点，单击"下一步"按钮，如图 9-8 所示。

图 9-8　添加 FTP 站点名称和物理路径

(4) 配置站点 IP 地址为 192.168.10.100，无 SSL 证书，单击"下一步"按钮，如图 9-9 所示。

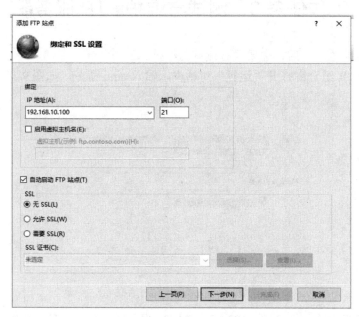

图 9-9　配置 FTP 站点的 IP 地址

(5) 本例允许匿名访问，也允许所有用户访问，给予用户读取和写入权限，单击"完成"按钮，如图 9-10 所示。

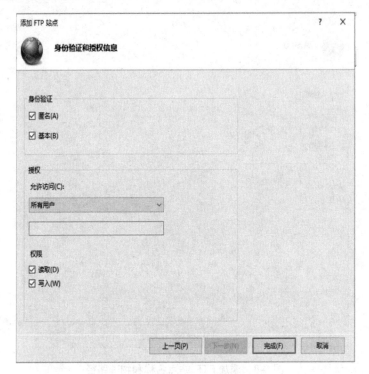

图 9-10 设置 FTP 访问权限

工作任务 3　测试与维护 FTP 服务器

FTP 服务器配置完成后，需要进行测试与维护。

(1) 按 Win+R 组合键打开"运行"对话框，输入 cmd 命令，如图 9-11 所示。

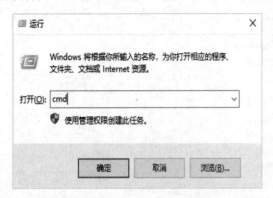

图 9-11　"运行"对话框

(2) 在命令行中输入命令 ftp 192.168.10.100，用户名为 ftp，密码为空显示登录成功。输入 dir 命令，可以查看当前文件夹下的文件为 test.txt，如图 9-12 所示。

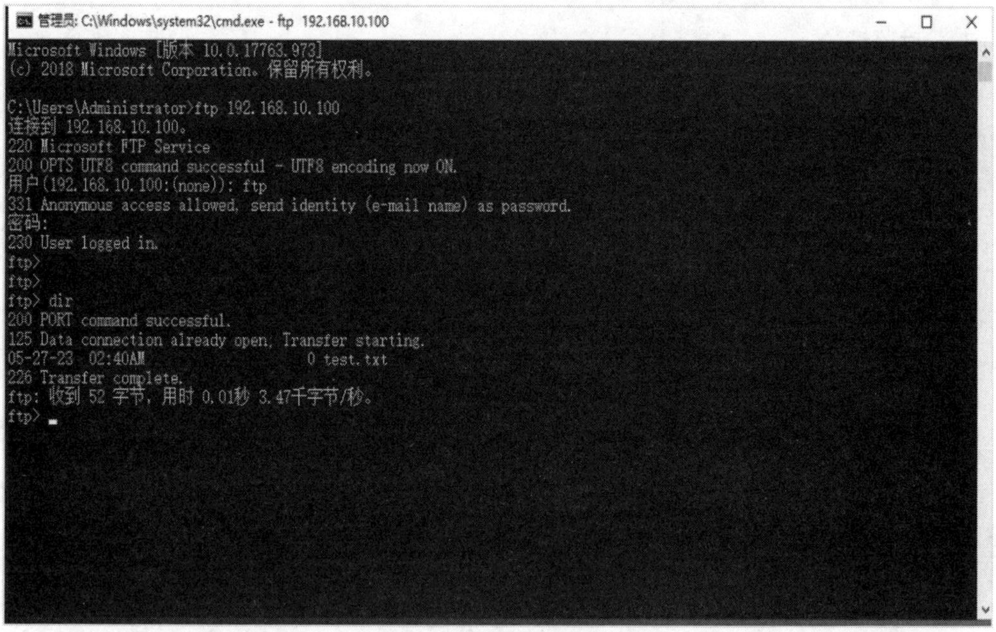

图 9-12　FTP 测试结果

学习任务工单　配置与管理 FTP 服务器

姓名		学号		专业	
班级		地点		日期	
成员					

一、工作要求

1. 掌握 FTP 服务器的配置方法。
2. 掌握 FTP 服务器的安装方法。
3. 掌握 FTP 服务的测试方法。

二、任务描述

农业产业园网站要实现信息发布、检索查询、站点导航、在线招聘、电子邮件等功能，请配置并测试 WWW 服务。

三、任务步骤

步骤 1：安装 FTP 服务器，完成安装后将结果截图。
步骤 2：创建和访问 FTP 站点，并将结果截图。
步骤 3：创建虚拟目录，并将结果截图。
步骤 5：测试 FTP 服务器。

五、讨论评价

1. 任务中的问题:

2. 任务中的收获:

教师审阅:

学生签名:
日　　期:

工单评价

国家综合布线工程验收规范制定工单评价标准(GB 50312—2007)

考核项目	考核内容	操作评价	
		满　分	得　分
FTP 服务器的安装	成功安装 FTP 服务器	20	
FTP 服务器的配置	成功配置 FTP 服务器	60	
FTP 服务器的测试	完成 FTP 服务器测试	20	
合计			

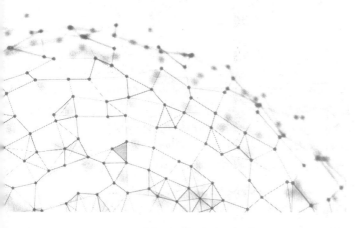

工作场景 10　网络环境安全保障

场景引入：

某农业产业园新入职一位信息安全技术人员，该员工负责该产业园的网络安全管理工作，到岗后需要了解产业园网络安全的现状，并根据网络安全要求部署安全平台，加强安全管理，保障产业园网络安全运行。

知识目标：

- 理解网络安全的基本概念，理解网络安全的特点。
- 掌握网络安全防范体系层次结构，了解各个层次的主要安全职能。
- 了解网络安全面临的主要威胁及常用网络安全防范措施。

能力目标：

- 掌握计算机基础安全防护软件的安装与使用。
- 具备基本网络安全策略实施能力。

素质目标：

- 自觉提高独立分析问题、解决问题的能力，养成良好的思维习惯。
- 保持实事求是的科学态度，乐于通过实践检验、判断各种技术问题。

思维导图:

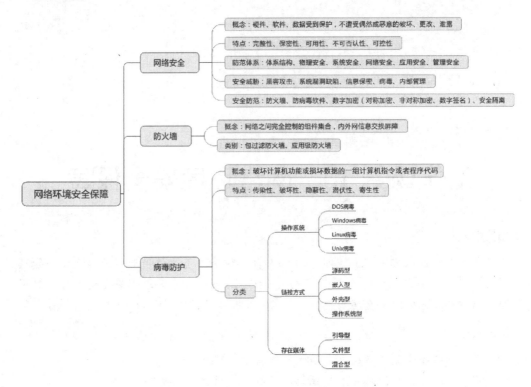

工作任务 1　认识网络安全

随着计算机技术和通信技术的高速发展，网络的开放性、互连性、共享性程度的扩大，网络的安全问题也日趋严重。

10.1.1　网络安全的含义和特点

1. 网络安全的含义

网络安全(Cyber Security)是指网络系统的硬件、软件及其系统中的数据受到保护，不因偶然的或者恶意的原因而遭受到破坏、更改、泄露，系统连续可靠正常地运行，网络服务不中断，使网络处于稳定可靠运行的状态，以及保障网络数据的完整性、保密性、可用性、真实性和可控性的能力。

2. 网络安全的特点

概括起来，一个安全的计算机网络应具有以下特征。

(1) 完整性：指网络中的信息安全、精确和有效，不因种种不安全因素而改变信息原有的内容、形式和流向，确保信息在存储或传输过程中不被修改、破坏或丢失。

(2) 保密性：指网络上的保密信息只供经过允许的人员以经过允许的方式使用，信息不泄露给未授权的用户、实体或过程，即信息只为授权用户使用。

(3) 可用性：指网络资源在需要时即可使用，不因系统故障或误操作等使资源丢失或妨碍对资源的使用。

(4) 不可否认性：指通信双方在信息交互的过程中，确信参与者本身，以及参与者所提供的信息的真实同一性。

(5) 可控性：指对信息的传播及内容具有控制能力。

10.1.2　网络安全防范体系

为了能够有效了解用户的安全需求，选择各种安全产品和策略，有必要建立一些系统的方法来进行网络安全防范。网络安全防范体系的科学性、可行性是其顺利实施的保障。

1. 网络安全防范体系层次

作为全方位的、整体的网络安全防范体系也是分层次的，不同层次反映了不同的安全问题，根据网络的应用现状情况和网络的结构，我们将安全防范体系的层次划分为物理安全、系统安全、网络安全、应用安全和安全管理。

1) 物理安全

该层次的安全包括通信线路的安全、物理设备的安全、机房的安全等。物理层的安全主要体现在通信线路的可靠性(线路备份、网管软件、传输介质)，软硬件设备安全性(替换设备、拆卸设备、增加设备)，设备的备份，防灾害能力、防干扰能力，设备的运行环境(温度、湿度、烟尘)，不间断电源保障，等等。

2) 系统安全

该层次的安全问题来自网络内使用的操作系统的安全，如 Windows NT、Windows 2000 等。系统安全主要表现在以下三方面，一是操作系统本身的缺陷带来的不安全因素，主要包括身份认证、访问控制、系统漏洞等；二是对操作系统的安全配置问题；三是病毒对操作系统的威胁。

3) 网络安全

该层次的安全问题主要体现在网络方面的安全性，包括网络层身份认证、网络资源的访问控制、数据传输的保密与完整性、远程接入的安全、域名系统的安全、路由系统的安全、入侵检测的手段以及网络设施防病毒等。

4) 应用安全

该层次的安全问题主要由提供服务所采用的应用软件和数据的安全性产生，包括 Web 服务、电子邮件系统、DNS 等。此外，还包括病毒对系统的威胁。

5) 安全管理

安全管理包括安全技术和设备的管理、安全管理制度、部门与人员的组织规则等。管理的制度化极大程度地影响着整个网络的安全，严格的安全管理制度、明确的部门安全职责划分、合理的人员角色配置都可以在很大程度上降低其他层次的安全漏洞。

2. 网络安全防范体系结构

为了保证网络安全防范体系中 5 个层次的安全，同时也为了适应网络技术的发展，国际标准化组织(ISO)根据开放系统互连(OSI)参考模型制定了一个网络安全体系结构，在这个体系结构中规定了 5 种安全服务(鉴别服务、访问控制、数据完整性、数据保密性、抗抵赖性)和 8 种安全机制(加密、数字签名、访问控制、数据完整性、鉴别交换、业务流填充、路由控制、公证),来解决网络中的信息安全与保密问题。

1) 安全服务

(1) 鉴别服务:指可靠地验证某个通信参与方的身份是否与他所声称的身份一致的过程,一般通过某种复杂的身份认证协议来实现。

(2) 访问控制:防止对资源的未授权使用,包括防止以未授权方式使用某一资源。

(3) 数据完整性:指的是只有授权用户才可以存取访问和修改数据。为了控制数据的完整性,经常采取的措施包括控制网络终端和服务器的实际环境、限制数据获取途径、强化身份验证程序等。

(4) 数据保密性:指严密控制各个可能泄密的环节,使信息在产生、传输、处理和存储的各个环节中不泄漏给非授权的个人和实体。

(5) 抗抵赖性:指防止网络信息系统相关用户否认其活动行为的特性。通常情况下,采用网络审计和数字签名技术,可记录和追溯访问者在网络系统中的活动。

2) 安全机制

(1) 加密:通过某种函数进行变换,将正常的数据报文(称为明文)转换为密文(也称为密码)的方法。解密是加密的逆操作,用来将明文转换为密文或将密文转换为明文的算法中输入的参数称为密钥。数据加密技术一般分为对称加密技术和非对称加密技术两类。对称加密技术是指加密和解密使用同一密钥。非对称加密技术是指加密和解密使用不同的密钥,分别称为"公钥"和"私钥",两种密钥必须同时使用才能打开相应的加密文件。公钥可以完全公开,而私钥只有持有人持有。

岗证赛课融通

1. DES 是一种(　　)加密算法,其密钥长度为 56 位。(选自网络工程师认证考试真题)
   A. 共享密钥　　B. 公开密钥　　C. 报文摘要　　D. 访问控制
2. 三重 DES 加密使用(　　)个密钥对明文进行 3 次加密。(选自网络工程师认证考试真题)
   A. 1　　　　　B. 2　　　　　C. 3　　　　　D. 4

(2) 数字签名:数字签名是一种信息认证技术,它利用数据加密技术和数据变换技术,根据某种协议来产生一个反映被签署文件和签署人的特征,以保证文件的真实性和有效性,同时也可用来核实接收者是否存在伪造、篡改文件的行为。简单地说,数字签名就是只有信息的发送者才能产生的别人无法伪造的一段数字串,这段数字串同时也是对信息的发送者发送信息真实性的一个有效证明。数字签名技术是公开密钥加密技术和报文分解函数相结合的产物。与数据加密不同,数字签名的目的是为了保证信息的完整性和真实性。

岗证赛课融通

假定用户 A、B 分别在 I1 和 I2 两个 CA 处取得了各自的证书,下面(　　)是 A、B 互信的必要条件。(选自网络工程师认证考试真题)
　　A. A、B 互换私钥　　　　　　B. A、B 互换公钥
　　C. I1、I2 互换私钥　　　　　 D. I1、I2 互换公钥

(4) 数据完整性：指的是只有授权用户才可以存取访问和修改数据。为了控制数据的完整性，经常采取的措施包括控制网络终端和服务器的实际环境、限制数据获取途径、强化身份验证程序等。

(5) 鉴别交换：使用密码技术，由发送方提供，而由接收方验证来实现鉴别。通过特定的"握手"协议防止鉴别"重放"。

(6) 业务流填充：指在业务闲时发送无用的随机数据，增加攻击者通过通信流量获得信息的困难，是一种制造假的通信、产生欺骗性数据单元或在数据单元中产生数据的安全机制。该机制可用于提供对各种等级的保护，用来防止对业务进行分析，同时也增加了密码通信的破译难度。发送的随机数据应具有良好的模拟性能，能够以假乱真。该机制只有在业务填充受到保密性服务时才有效。可利用该机制不断地在网络中发送伪随机序列，使非法者无法区分有用信息和无用信息。

(7) 路由控制：路由控制机制可使信息发送者选择特殊的路由，以保证连接、传输的安全。其基本功能为：路由选择，路由可以动态选择，也可以预定义，以便只用物理上安全的子网、中继或链路进行连接和/或传输；路由连接，在监测到持续的操作攻击时，端系统可能通知网络服务提供者另选路由，建立连接；安全策略，携带某些安全标签的数据可能被安全策略禁止通过某些子网、中继或链路。连接的发起者可以提出有关路由选择的警告，要求回避某些特定的子网、中继或链路进行连接和/或传输。

(8) 公证：由可信赖的第三方对数据进行登记，以便保证数据的特征如内容、原发、时间、交付等的准确性不会产生改变。

> **岗证赛课融通**
>
> 在安全通信中，A 将所发送的信息使用(　　)进行数字签名，B 收到该消息后可利用(　　)验证该消息的真实性。(选自网络工程师认证考试真题)
> A. A 的公钥　　　　B. A 的私钥　　　　C. B 的公钥　　　　D. B 的私钥

10.1.3 网络面临的安全威胁

安全威胁是某个人、物、事或概念对某个资源的机密性、完整性、可用性和合法性等造成的危害。目前，网络面临的安全威胁主要有以下几个方面。

1. 黑客的恶意攻击

黑客(Hacker)是一群利用自己的技术专长专门攻击网站和计算机而不暴露身份的计算机用户。事实上，黑客中的大部分人不伤害别人，但是也会做一些不应该做的事情；还有一部分黑客不顾法律与道德的约束，由于寻求刺激、被非法组织收买或对某个企业、组织存有报复心理，而肆意攻击与破坏一些企业、组织的计算机网络，这部分黑客对网络安全有很大的危害。由于黑客们善于隐蔽，攻击"杀伤力"强，这是网络安全的主要威胁。

> **岗证赛课融通**
>
> 1. 攻击者通过发送一个目的主机已经接收过的报文来达到攻击目的,这种攻击方式属于( )攻击。(选自网络工程师认证考试真题)
>   A. 重放　　　　B. 拒绝服务　　　　C. 数据截获　　　　D. 数据流分析
> 2. 下列攻击行为中属于典型被动攻击的是( )。(选自网络工程师认证考试真题)
>   A. 拒绝服务攻击　　　　　　　　　B. 会话拦截
>   C. 系统干涉　　　　　　　　　　　D. 修改数据命令

2. 计算机网络系统的漏洞与缺陷

计算机网络系统的运行一定会涉及计算机硬件与操作系统、网络硬件与软件、数据库管理系统、应用软件,以及网络通信协议等。这些计算机硬件与操作系统、应用软件等都会存在一定的安全问题,它们不可能是百分之百无缺陷或无漏洞的。TCP/IP 协议簇是 Internet 使用的基本协议,其中也能找到被攻击者利用的漏洞。这些缺陷和漏洞恰恰是黑客进行攻击的首选目标。

3. 网络信息安全保密问题

网络中的信息安全保密主要包括两个方面:信息存储安全与信息传输安全。信息存储安全是保证存储在联网计算机中的信息不被未授权的网络用户非法访问。非法用户可能通过猜测或窃取用户口令的办法,或是设法绕过网络安全认证系统冒充合法用户,来查看、修改、下载或删除未授权访问的信息。

信息传输安全是指保证信息在网络传输过程中不被泄露或攻击。信息在网络传输中被攻击可以分为 4 种类型:截获信息、窃听信息、篡改信息和伪造信息。其中,截获信息是指信息从源节点发出后被攻击者非法截获,而目的节点没有接收到该信息的情况;窃听信息是指信息从源节点发出后被攻击者非法窃听,同时目的节点接收到该信息的情况;篡改信息是指信息从源节点发出后被攻击者非法截获,并将经过修改的信息发送给目的节点的情况;伪造信息是指源节点并没有信息发送给目的节点,攻击者冒充源节点将信息发送给目的节点的情况。

4. 网络病毒

病毒对计算机系统和网络安全造成了极大的威胁,它在发作时通常会破坏数据,使软件工作不正常或瘫痪;有些病毒的破坏性更大,它们甚至能破坏硬件系统。随着网络的使用,病毒传播的速度更快,范围更广,造成的损失也更加严重。

5. 网络内部安全问题

除了上述可能对网络安全构成威胁的因素,还有一些威胁主要是来自网络内部。例如,源节点用户发送信息后不承认,或是目的节点接收信息后不承认,即出现抵赖问题。又例如,合法用户有意或无意做出对网络安全有害的行为,这些行为主要包括:有意或无意泄露网络管理员或用户口令;违反网络安全规定,绕过防火墙私自与外部网络连接,造成系统安全漏洞；超越权限查看、修改与删除系统文件、应用程序与数据；超越权限修改网络系统配置，造成网络工作不正常；私自将带有病毒的磁盘等拿到企业网络中使用。这类问题经常出现并且危害性极大。

10.1.4 网络安全的防范措施

在网络安全领域，攻击随时可能发生，系统随时可能被攻破，对网络的安全采取防范措施是很有必要的。常用的防范措施有以下几种。

1. 防火墙技术

网络防火墙技术是一种用来加强网络之间访问控制、防止外部网络用户以非法手段进入内部网络、保护内部网络操作环境的特殊网络互联设备，它对两个或多个网络之间传输的数据包按照一定的安全策略来实施检查，以决定网络之间的通信是否被允许，并监视网络运行状态。

防火墙处于 5 层网络安全体系中的最底层，属于网络层安全技术范畴，负责网络间的安全认证与传输。随着网络安全技术的整体发展和网络应用的不断变化，现代防火墙技术已经逐步走向网络层之外的其他安全层次，不仅要完成传统防火墙的过滤任务，还能为各种网络应用提供相应的安全服务。另外，还有多种防火墙产品正朝着数据安全与用户认证、防止病毒与黑客侵入等方向发展。

目前的防火墙产品主要有堡垒主机、包过滤路由器、应用层网关(代理服务器)以及电路层网关、屏蔽主机防火墙、双宿主机等类型。

2. 安装网络杀毒软件

计算机网络中的病毒不但会使系统的处理速度变慢，甚至还可能导致整个计算机网络系统的瘫痪，从而破坏软件系统和数据文件。互联网上病毒的传播速度极快，病毒的发展也在加速。因此，要想保护网络的安全，就应该安装网络杀毒软件。

3. 加密技术

信息交换加密技术分为两类：对称加密和非对称加密。

在对称加密技术中，对信息的加密和解密都使用相同的密钥，也就是说一把钥匙开一把锁。这种加密方法可简化加密处理过程，信息交换双方都不必彼此研究和交换专用的加密算法，如果在信息交换阶段私有密钥未曾泄露，那么机密性和报文完整性就可以得以保证。

在非对称加密体系中，密钥被分解为一对公开密钥和私有密钥。这对密钥中任何一把都可以作为公开密钥(加密密钥)通过非保密方式向他人公开，而另一把作为私有密钥(解密密钥)加以保存。非对称加密方式可以使通信双方无须事先交换密钥就可以建立安全通信，广泛应用于身份认证、数字签名等信息交换领域。最具有代表性是 RSA 公钥密码体制。

> **岗证赛课融通**
>
> 无线局域网通常采用的加密方式是 WPA2，其安全加密算法是(　　)。(选自网络工程师认证考试真题)
>
> A. AES 和 TKIP　　　　　　B. DES 和 TKIP
> C. AES 和 RSA　　　　　　 D. DES 和 RSA

4. 安全隔离

面对新型网络攻击手段的不断出现和高安全网络的特殊需求，全新安全防护理念——"安全隔离技术"应运而生。它的目标是，在确保把有害攻击隔离在可信网络之外，并保证可信网络内部信息不外泄的前提下，完成网络间信息的安全交换。

隔离概念的出现是为了保护高安全度网络环境。隔离产品的发展至今共经历了 5 代。第一代完全隔离：采用完全独立的设备、存储和线路来访问不同的网络，做到了完全的物理隔离，但需要多套网络和系统，建设和维护成本较高。第二代硬件卡隔离：通过硬件卡控制独立存储和分时共享设备与线路来实现对不同网络的访问，它仍然存在使用不便、可用性差等问题，有的设计上还存在较大的安全隐患。第三代数据转播隔离：利用转播系统分时复制文件的途径来实现隔离，切换时间较长，甚至需要手工完成，不仅大大降低了访问速度，更不支持常见的网络应用，只能完成特定的基于文件的数据交换。第四代空气开关隔离：该技术是通过使用单刀双掷开关，通过内外部网络分时访问临时缓存器来完成数据交换的，但存在支持网络应用少、传输速度慢和硬件故障率高等问题，往往成为网络的瓶颈。第五代安全通道隔离：此技术通过专用通信硬件和专有交换协议等安全机制来实现网络间的隔离和数据交换，不仅解决了以往隔离技术存在的问题，并且在网络隔离的同时实现高效的内外网数据的安全交换，它透明地支持多种网络应用，成为当前隔离技术的发展方向。

> **岗证赛课融通**
>
> 以下关于入侵检测系统的描述中，正确的是(　　)。(选自网络工程师认证考试真题)
>
> A. 实现内外网隔离与访问控制
> B. 对进出网络的信息进行实时的监测与比对，及时发现攻击行为
> C. 隐藏内部网络拓扑
> D. 预防、检测和消除网络病毒

工作任务 2　Windows 账号安全配置

操作系统账号密码是我们进入操作系统的凭证，对系统安全至关重要。Windows 提供了账号密码复杂性、账户锁定等策略可以有效保护系统账户和密码安全。

10.2.1 设置用户账户密码策略

用户密码的安全是计算机系统安全的基础,如果用户没有设置密码,或设置的密码简单,那么该计算机就容易被他人登录、非法访问和修改系统设置。Windows Server 2016 支持在本地安全设置中设定密码原则,该原则分为以下几个方面。

(1) 用可还原的加密存储密码。

(2) 密码必须符合复杂性要求。

(3) 密码最长(短)使用期限。

(4) 密码长度的最小值。

操作过程:

(1) 单击"开始"按钮,选择"Windows 管理工具"→"本地安全策略"选项(见图 10-1),进入本地安全策略控制台,如图 10-2 所示。

(2) 在控制台中选择"帐户策略"→"密码策略"选项,如图 10-3 所示。

图 10-1　运行本地安全策略

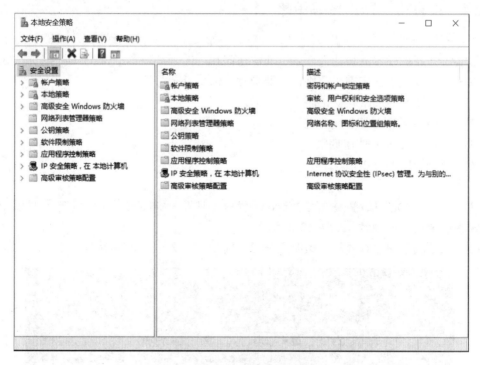

图 10-2　本地安全策略控制台

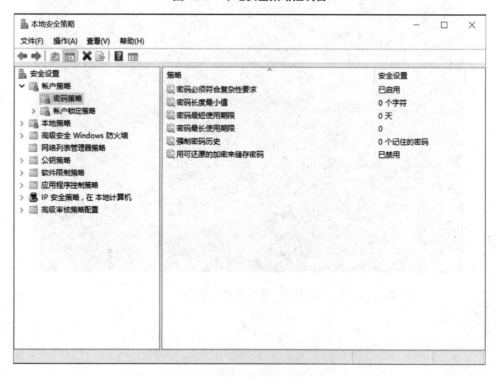

图 10-3　选择"密码策略"选项

(3) 双击控制台右侧区域的"密码必须符合复杂性要求"选项，弹出如图 10-4 所示的对话框。

图 10-4　密码必须符合复杂性要求

① "密码必须符合复杂性要求"默认设置为"已启用"，所有用户设置的密码必须包含字母、数字和标点符号，密码中少了任何一种字符都是不符合要求的。若禁用"密码必须符合复杂性要求"，则用户的密码可以使用简单的字母、数字和标点符号的组合，但是这样会带来安全问题，在生产环境中不可禁用该设置。

② 密码的最长有效期默认为 0 天，用户账户的密码永不过期。管理员可以根据系统安全需求，设置密码最长有效期，最长有效期设置越短，系统将越安全。默认密码最短使用期限为 0 天，表用户账户的密码可以立即修改。如果设置为 1 天，则用户的密码必须在一天之后才能修改。

③ 默认强制执行密码历史纪录，如设置为"0 个记住密码"，则系统不会保存密码的历史记录。如果设置为"2 个记住密码"，系统将会保存用户最后两次设置的密码，当用户修改密码时，若继续使用上两次的旧密码，系统将会拒绝用户的要求。这样防止用户重复使用相同的字符来组成密码。

④ 默认密码长度最小值为 0 个字符，且系统允许用户不设置密码。为了系统的安全，可以设置密码最小长度为 8 个字符。

10.2.2　设置账户锁定策略

账户锁定原则可以避免使用默认账户或列举密码方法尝试登录系统，Windows Server 2016 可以设置当多次登录失败后，系统将自动锁定这个账户。账户锁定原则包括以下设置：

账户锁定阈值；账户锁定时间；重设账户锁定计数器的时间间隔。

默认账户锁定阈值为 0 次的登录尝试，这时账户不会被锁定。为保证系统安全，可以设置为在发生 5 次无效登录或是更少次数的无效登录后就锁定账户。如图 10-5 所示，设置锁定阈值为 5。

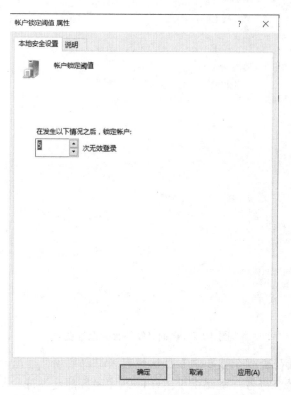

图 10-5　设置账户锁定阈值

设置账号锁定阈值次数，如图 10-6 所示。

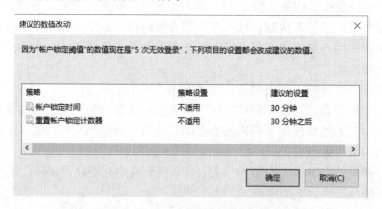

图 10-6　设置账户锁定阈值建议的数值改动

如果账户锁定阈值设置为 0 次，则不可以设置账户锁定时间。若将账户锁定时间设置为 30 分钟，即当系统锁定账户之后，30 分钟才会自动解锁，因此该值能够延迟他人继续尝试登录；如果将这个值设置为 0 分钟，表示账户将被锁定，只有系统管理员才能解除锁定。当不正确的登录尝试次数多于账户锁定阈值时,系统将不再允许使用这个账户登录并且提示该账户已经被锁定,请联系系统管理员解决。

系统管理员可以解除锁定账户,在被锁定账户的"属性"对话框中,系统管理员取消选中"账户已锁定"复选框,就可以解除账户的锁定状态。

10.2.3 设置用户权限

Windows Server 2016 为计算机管理的各项任务设定了默认的权限,例如更改系统时间、备份文件及目录、关闭系统和允许本地登录等,并且内置了很多组账户,将这些默认的权限分配给组,组便有了对应的权限。

系统管理员在新增了用户账户和组账户之后,如果需要指派这些账户管理计算机的某项任务,可以将这些账户加入内置的组,但是这种方式不够灵活。系统管理员可以单独为用户或组分配权限,这种方式提供了更好的灵活性。与设置用户账户密码相似,选择"本地策略"→"用户权限分配"选项可以分配用户权限,如图 10-7 所示。

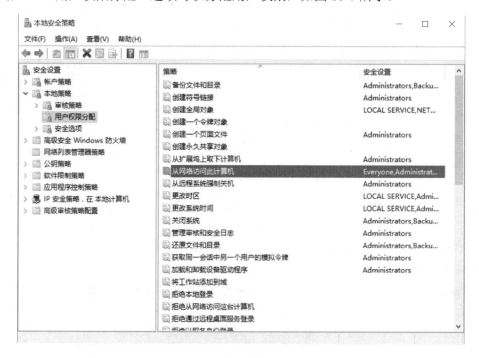

图 10-7 用户权限分配

(1) 双击"从网络访问此计算机"选项,将会弹出如图 10-8 所示的对话框。在此可以设置从网络访问这台计算机时允许哪些用户和组连接到这台计算机。终端服务不受此用户权限影响,默认值为 Administrators、Backup Operators、Power Users、Users 和 Everyone 的组允许通过网络连接到计算机,所以这时网络中的所有用户都可以访问这台计算机,为了安全一般都会将 Everyone 组删除,这样网络用户连接到这台计算机时,会提示输入用户账号和密码。

(2) 与此相反,选择"拒绝从网络访问这台计算机"选项,可以设置哪些用户被禁止通过网络访问该计算机。如果某用户账户符合此原则设置,同时又符合从网络访问这台计算机的原则设置，那么综合结果是不允许从网络访问。

图 10-8　从网络访问此计算机

（3）选择"允许本地登录"选项，将决定哪些用户可以互动登录此计算机。如果是为了用户或组定义原则，则必须将此权限授予 Administrators 组。默认值为 Administrators、Backup Operators、Power Users、Users、Guests。非域控制器的安全比较低，所以一般的用户都可以登录计算机，如果将 Users 和 Guests 组删除，则一般用户不能登录计算机。

（4）选择"备份文件和目录"选项，将决定哪些用户可以出于备份系统的目的使用计算机，而不必顾及文件目录、注册表及其他持续对象的使用权限。这个用户权限类似于将系统上所有文件及文件夹的遍历文件夹/执行文件、列出文件夹/读取数据、读取属性、读取扩展属性和读取权限授予相关的用户和组。

这个用户权限只分配给受信任的用户，因为分配此用户权限可能会危及系统安全。默认值是 Administrators、Backup Operators、Everyone 和 Users。

（5）选择"更改系统时间"选项，将决定哪些用户和组可更改计算机内部时钟的时间及日期。如果更改系统时间，则记录的时间会反映此新时间，而不是发生事件的真实时间。默认值是 Administrators 和 Local service。

（6）选择"关闭系统"选项，将决定哪些本地登录计算机的用户可以关闭操作系统，误用此用户权限将会导致拒绝服务。默认值是 Administrators、Backup Operators。

（7）选择"从远程系统强制关机"选项，将决定允许哪些用户从网络远程位置关闭计算机，误用此用户权限将会导致拒绝服务。默认值是 Administrators，只有管理员组才可以通过 IIS 的远程系统管理或使用 shutdown.exe 命令，通过 telnet 客户端或终端连接远程关机。

(8) 选择"执行卷维护"选项，决定可以在卷上执行维护任务的用户和组。拥有这项用户权限的用户可以查看磁盘读取及修改所取得的数据。默认值是 Administrators。与"备份文件和目录"对应的是"还原文件和目录"选项，它决定哪些用户可以在还原备份文件和目录时，不必顾及文件、目录、注册表及其他持续对象的使用权限，并且决定哪些用户可以拥有对象所有者的身份。默认值是 Administrators 和 Backup Operators。此权限类似于将系统上所有文件及文件夹的遍历文件夹/执行文件和写入权限授予相关的用户和组。

工作任务 3　认识防火墙

在各种网络安全技术中，作为保护局域网的第一道屏障与实现网络安全的一个有效手段，防火墙技术的应用最为广泛，也备受青睐。

10.3.1　防火墙的概念和作用

防火墙(firewall)是指位于两个或多个网络间，实施网络之间访问控制的一组组件的集合。大多数情况下，防火墙的组件放在一起使用以满足安全目的需求。防火墙作为内网和外网之间的屏障，控制内网和外网的连接，实质就是隔离内网与外网，并提供存取控制和保密服务，使内网有选择地与外网进行信息交换。防火墙在实施安全的过程中是至关重要的，所有的通信，无论是从内网到外网，还是从外网到内网，都必须经过防火墙，如图 10-9 所示。

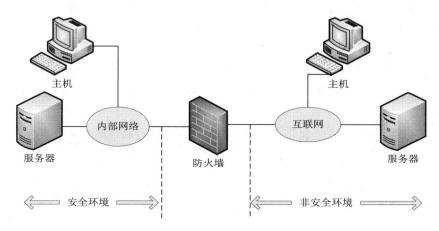

图 10-9　防火墙示意图

10.3.2　防火墙的类型

防火墙有多种形式，有的以软件形式运行在普通计算机上，有的以硬件形式集成在路由器中。通常防火墙分为两类，即包过滤型防火墙和应用级防火墙。

1. 包过滤型防火墙

包过滤型防火墙工作在 OSI 参考模型的网络层，它根据数据包中的源地址、目的地址、端口号和协议类型等确定是否允许通过,只有满足过滤条件的数据包才被转发到相应的目的地址,其余数据包则被丢弃。

包过滤方式是一种通用、廉价和有效的安全手段。之所以通用,是因为它不是针对某个具体的网络服务采取特殊的处理方式,而是适用于所有网络服务;之所以廉价,是因为大多数路由器都提供数据包过滤功能,所以这类防火墙多数是由路由器集成的;之所以有效,是因为它能满足绝大多数企业的安全要求。

2. 应用级防火墙

应用级防火墙又称为应用级网关,也就是代理服务器。它工作在 OSI 参考模型的最高层,即应用层。应用级防火墙通过对每种应用服务编制专门的代理程序,实现监视和控制应用层通信流的作用。在应用级防火墙技术的发展过程中,经历了两个不同的版本。

1) 第一代应用网关型防火墙

这类防火墙是通过一种代理技术参与到一个 TCP 连接的全过程。从内部发出的数据包经过这类防火墙处理后,就好像是源于防火墙外部网卡一样,从而可以达到隐藏内网结构的作用。这类防火墙是公认的最安全的防火墙,它的核心技术就是代理服务器技术。

2) 第二代自适应代理型防火墙

这类防火墙是近几年才得到广泛应用的一种新型防火墙。它可以结合应用网关型防火墙的安全性和包过滤型防火墙的高性能等优点,在毫不损失安全性的基础上将应用级防火墙的性能提高 10 倍以上。

由于使用代理服务,网络的安全性得到了增强,但也产生了很大的代价,如需要购买网关硬件平台和代理服务应用程序、学习相关的知识、投入时间配置网关及缺乏透明度导致系统对用户不太友好等。因此,网络管理员必须权衡系统的安全需要与用户使用之间的关系。

需要注意的是,可以允许用户访问代理服务,但绝对不允许用户登录到应用网关。否则,防火墙的安全就会受到威胁,可能造成入侵者损害防火墙的后果。

工作任务 4　Windows 防火墙配置

Windows 防火墙就是 Windows 操作系统自带的软件防火墙。它会依照特定的规则,允许或者限制传输的数据通过,通过合理配置可以有效提升系统的安全性。

10.4.1　启用 Windows 防火墙

(1) 选择"高级安全 Windows 防护墙"→"高级安全 Windows 防火墙-本地组策略对象"选项,进入 Windows 防火墙配置界面,如图 10-10 所示。

(2) 单击"Windows 防火墙属性",在弹出的属性对话框中,将防火墙状态设置为"启用(推荐)",单击"确定"按钮,启用防火墙,如图 10-11 所示。

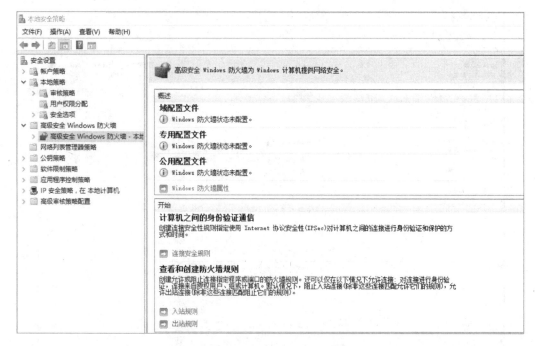

图 10-10 Windows 防火墙配置界面

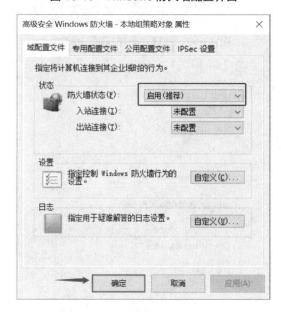

图 10-11 设置防火墙属性

10.4.2 设置本地端口访问

(1) 单击"入站规则",按照向导,在右侧工作区空白处单击鼠标右键,在弹出的快捷菜单中选择"新建规则"命令,按照向导新建规则,如图 10-12 所示。

(2) 新建入站规则向导,如图 10-13 所示。

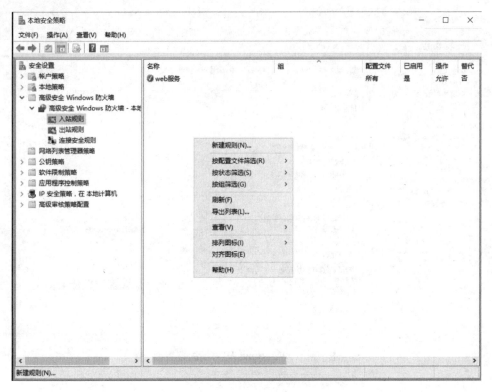

图 10-12 选择"新建规则"命令

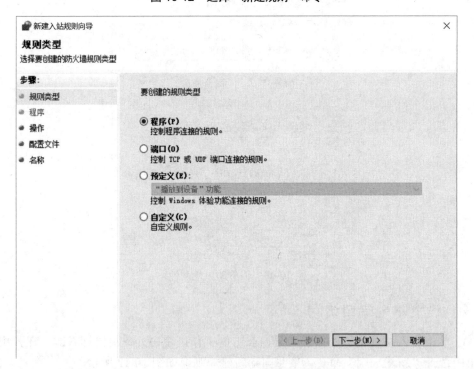

图 10-13 新建入站规则向导

(3) 在"规则类型"界面中选中"端口"单选按钮,单击"下一步"按钮,如图10-14所示。

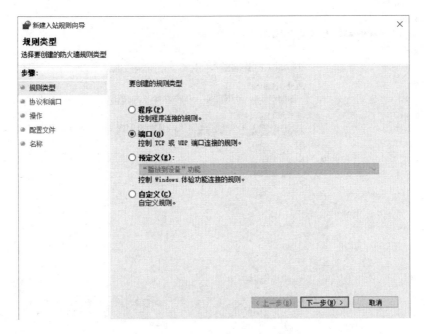

图 10-14　选择要创建的规则类型

(4) 在"协议和端口"界面中协议使用默认 TCP,选中"特定本地端口"单选按钮,输入"80,443"两个端口号,单击"下一步"按钮,如图10-15所示。

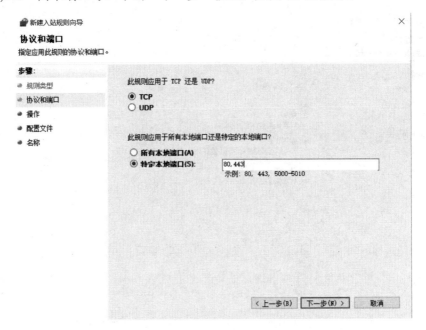

图 10-15　设置规则协议和端口

(5) 在"操作"界面中连接符合指定条件的操作,选中"允许连接"单选按钮,单击

"下一步"按钮,如图 10-16 所示。

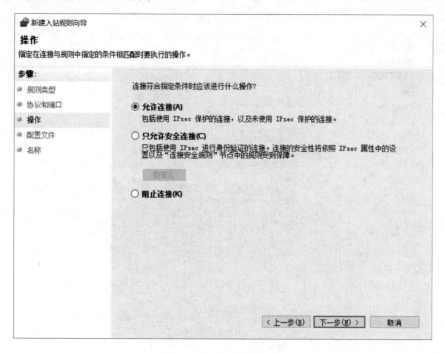

图 10-16　设置规则操作

(6) 在"配置文件"界面选中"域""专用""公用"三个复选框,单击"下一步"按钮,如图 10-17 所示。

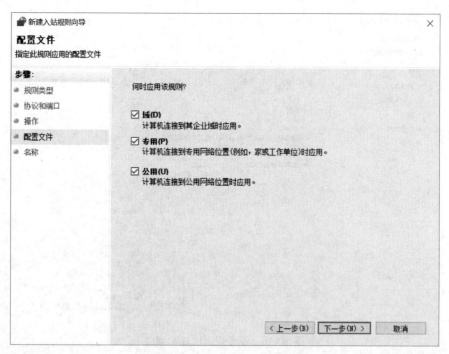

图 10-17　设置规则应用范围

(7) 在"名称"界面中输入规则名称,单击"完成"按钮,完成入站规则创建,如图 10-18 所示。

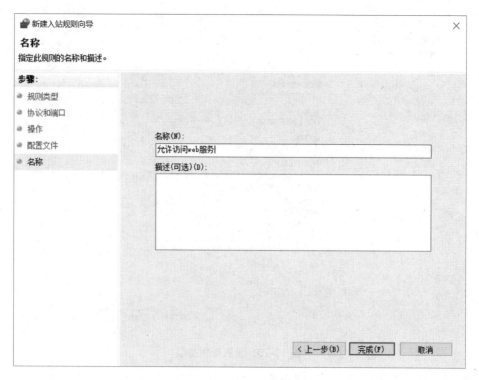

图 10-18 设置规则名称

10.4.3 新建 ICMP 入站规则

(1) 新建规则前测试连通性,如图 10-19 所示。

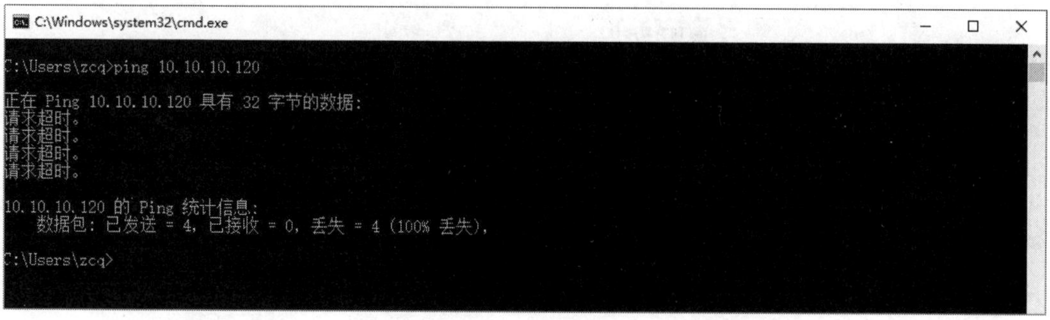

图 10-19 测试连通性

(2) 在"规则类型"界面选择要创建的防火墙规则类型，这里规则类型设置为"自定义"，单击"下一步"按钮，如图 10-20 所示。

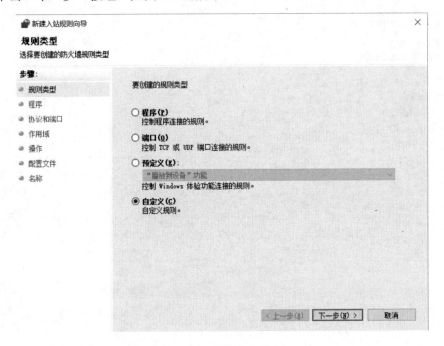

图 10-20 设置规则类型

(3) 在"程序"界面将匹配程序设置为"所有程序"，单击"下一步"按钮，如图 10-21 所示。

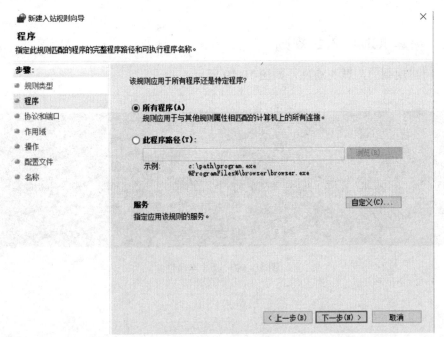

图 10-21 设置程序

(4) 匹配协议与端口，如图 10-22 所示。

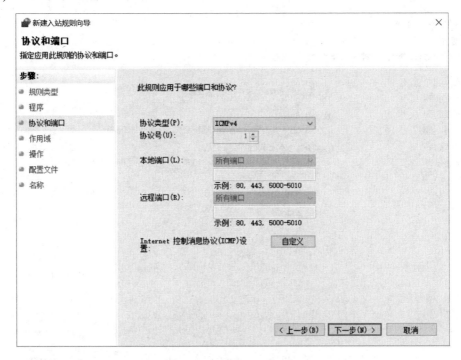

图 10-22　选择协议和端口

(5) 在"作用域"界面将 IP 地址均设置为"任何 IP 地址"，如图 10-23 所示。

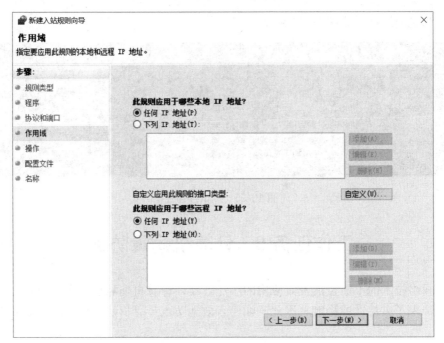

图 10-23　设置作用域

(6) 在"操作"界面将规则操作设置为"允许连接",如图 10-24 所示。

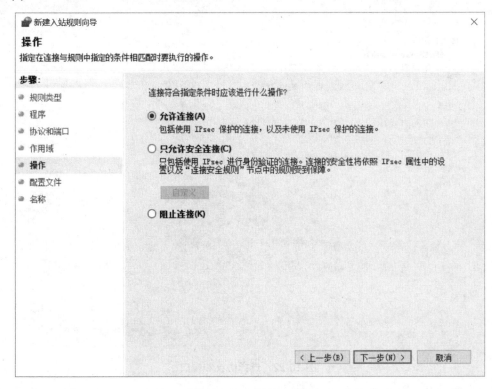

图 10-24 设置规则操作

(7) 测试连通性,如图 10-25 所示。

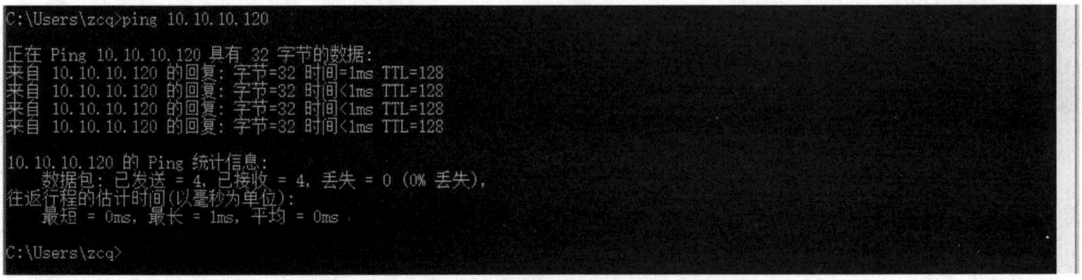

图 10-25 测试连通性

工作任务 5 　计算机病毒防护

随着网络技术的不断发展及其应用的广泛普及,计算机病毒也层出不穷,它的广泛传播给网络带来了灾难性的影响。因此,如何有效地防范计算机病毒已经成为众多用户关心的话题。

10.5.1　计算机病毒简介

计算机病毒(Computer Virus)是指编制者在计算机程序中插入的破坏计算机功能或者损坏数据影响计算机使用并且能够自我复制的一组计算机指令或者程序代码。

与医学上的"病毒"不同,计算机病毒不是天然存在的,是某些人利用计算机软件和硬件所固有的脆弱性编制的一组指令或程序代码。它能通过某种途径潜伏在计算机的存储介质(或程序)中,当满足某种条件时即被激活,通过修改其他程序的方法将自己的精确拷贝或者可能演化的形式放入其他程序中,从而感染其他程序,对计算机资源进行破坏。

计算机病毒具有以下几个明显的特点。

(1) 传染性。传染性是计算机病毒的基本特征。传染性是指病毒具有将自身复制到其他程序的能力。计算机病毒可通过各种可能的渠道去传染其他的计算机,如 U 盘、硬盘、光盘、电子邮件、网络等。

(2) 破坏性。计算机病毒感染系统后,会对系统产生不同程度的影响,如大量占用系统资源、删除硬盘上的数据、破坏系统程序、造成系统崩溃,甚至破坏计算机硬件,给用户带来巨大损失。

(3) 隐蔽性。计算机病毒具有很强的隐蔽性。一般病毒代码设计得非常短小精悍,非常便于隐藏到其他程序中或磁盘某一特定区域内,且没有外部表现,很难被人发现。随着病毒编制技巧的提高,对病毒进行各种变种或加密后,更容易造成杀毒软件漏查或错杀。

(4) 潜伏性。大部分病毒感染系统后一般不会马上发作,而是潜伏在系统中,只有当满足特定条件时才启动并发起破坏。病毒的潜伏性越好,其在系统中存在的时间就越长,病毒的传染范围就越大。例如,"黑色星期五"病毒不到预定的时间,用户就不会感觉异常,一旦遇到 13 日并且是星期五,病毒就会被激活并且对系统进行破坏。

(5) 寄生性。计算机病毒大多不是独立存在的,而是寄生在其他程序中,病毒所寄生的程序称为宿主程序。由于病毒很小不容易被发现,所以在宿主程序未启动之前,用户很难发觉病毒的存在。而一旦宿主程序被用户执行,病毒就会被激活,进而产生一系列破坏活动。

10.5.2　计算机病毒的分类

根据计算机病毒的特点和特性,其分类的方法有很多种。现列举几种常见分类。

1. 按攻击的操作系统分类

按攻击的操作系统分类,可将病毒分为 DOS 病毒、Windows 病毒、Linux 病毒、Unix 病毒等,它们分别是发作于 DOS、Windows、Linux、Unix 操作系统平台上的病毒。

2. 按链接方式分类

按链接方式分类,可将病毒分为源码型病毒、嵌入型病毒、外壳型病毒和操作系统型病毒 4 种。

(1) 源码型病毒:主要攻击高级语言编写的源程序,它会将自己插入到系统源程序中,并随源程序一起编译,成为合法程序的一部分。

(2) 嵌入型病毒：可以将自身嵌入到现有程序中，将计算机病毒的主体程序与攻击的对象以插入的方式链接，这种病毒危害性较大，一旦进入程序中就难以清除。

(3) 外壳型病毒：将其自身包围在合法的主程序周围，对原来的程序并不做任何修改，这种病毒容易被发现，一般测试文件的大小即可察觉。

(4) 操作系统型病毒：通过把自身的程序代码加入操作系统之中或取代部分操作系统模块进行工作，具有很强的破坏力，圆点病毒和大麻病毒就是典型的操作系统型病毒。

3．按存在的媒体分类

按存在的媒体分类，可将病毒分为引导型病毒、文件型病毒和混合型病毒 3 种。

(1) 引导型病毒：是一种在系统引导时出现的病毒，依托的环境是 BIOS 中断服务程序。引导型病毒主要感染硬盘上的引导扇区的内容，使用户在启动计算机或对 U 盘等存储介质进行读、写操作时进行感染和破坏活动。

(2) 文件型病毒：主要感染计算机中的可执行文件，用户在使用某些正常的程序时，病毒被加载并向其他可执行文件传染。例如，宏病毒就是一种寄生于文档或模板的宏中的文件型病毒。

(3) 混合型病毒：是指具有引导型病毒和文件型病毒寄生方式的计算机病毒。这种病毒扩大了传染途径，既可以感染硬盘上的引导扇区的内容，又可以感染可执行文件。

10.5.3　计算机病毒的防范

防止病毒入侵要比病毒入侵后再去发现和消除它更为重要。为了将病毒拒之门外，用户要做以下防范措施。

1．建立良好的安全习惯

对一些来历不明的邮件及附件不要打开，并尽快删除；不要访问一些不太了解的网站，更不要轻易打开网站链接；不要执行从 Internet 上下载的未经杀毒处理的软件等。

2．关闭或删除系统中不需要的服务

默认情况下，操作系统会安装一些辅助服务，如 FTP 客户端、Telnet 和 Web 服务器等。这些服务为攻击者提供了方便，而对用户却没有太大的用处。在不影响用户使用的情况下删除这些服务，能够大大减少被攻击的可能性。

3．及时升级操作系统的安全补丁

据统计，有 80%的网络病毒是通过系统安全漏洞进行传播的，像红色代码、尼姆达、冲击波等病毒，所以应该定期下载、更新系统安全补丁，防患于未然。

4．为操作系统设置复杂的密码

一些用户不习惯设置系统密码，这种方式存在很大的安全隐患。因为一些网络病毒就是通过猜测简单密码的方式攻击系统的。使用并设置复杂的密码将会大大提高计算机的安全系数。

5. 安装专业的杀毒软件

在病毒日益增多的今天，使用杀毒软件进行病毒查杀是最简单、有效，也是越来越经济的选择。用户在安装了杀毒软件后，应该经常升级至最新版本，并定期扫描计算机。

6. 定期进行数据备份

对于计算机中存放的重要数据，要有定期数据备份计划，用硬盘等介质及时备份数据，妥善存档保管。除此之外，还要有数据恢复方案，在系统瘫痪或出现严重故障时，能够进行数据恢复。

计算机病毒的防范工作是一个系统工程。从各级单位角度来说，要牢固树立以防为主的思想，应当制定出一套具体的、切实可行的管理措施，以防止病毒相互传播。从个人角度来说，每个人都要遵守病毒防范的有关措施，不断学习、积累防范病毒的知识和经验，培养良好的病毒防范意识。

学习任务工单　网络安全策略的实施

姓名		学号		专业	
班级		地点		日期	
成员					

1. 工作要求

(1) 掌握在 Windows Server 2016 操作系统下保障本地安全性的方法，如掌握账户密码、锁定登录尝试和分配用户权限等。

(2) 理解本地安全原则和安全策略的概念。

(3) 掌握 Windows 防火墙配置，理解防火墙的基本原理。

2. 任务描述

近期，网络安全事件频发，农业产业园 Web 服务器运行在一台 Windows Server 2016 的主机上，为加强安全防护，需要对 Web 服务器操作系统进行安全加固，以提高安全性，具体要求如下。

(1) 启用操作系统"密码必须符合复杂性要求"策略，设置密码长度最小值为 8。

(2) 启用账户锁定策略，设置锁定阈值为 5，将账户锁定时间和重置账户锁定计数时间均设置为 25 分钟。

(3) 启用 Windows 防火墙，设置访问规则允许本地 Web 服务通过网络访问，禁止其他主机 ping 通本地服务器。

3. 任务步骤

步骤 1：进入本地安全策略控制台。

步骤 2：选择"账户策略"→"密码策略"选项，启用"密码必须符合复杂性要求"，设置密码长度最小值为 8。

步骤 3：在本地安全控制台，选择"账户锁定"策略，按要求设置账户锁定。

步骤 4：启用 Windows 防火墙。

步骤 5：新建入站规则，访问 Web 服务。

步骤 6：新建 ICMP 规则，禁止其他主机 ping 本机服务器。

工单评价

国家综合布线工程验收规范制定工单评价标准(GB 50312—2007)

考核项目	考核内容	操作评价	
		满 分	得 分
Windows Server 本地安全策略配置	正确配置密码复杂度策略	20	
	正确设置账户锁定策略	20	
天网防火墙安装配置	正常启用防火墙	10	
	完成 Web 应用规则配置	25	
	完成 ICMP 访问规则配置	25	
合计			

知识和技能自测

学号：	姓名：	班级：	日期：	成绩：

一、选择题

1. 下面哪些行为可能会导致电脑被安装木马程序？(　　)
   A. 上安全网站浏览资讯
   B. 发现邮箱中有一封陌生邮件，杀毒后下载邮件中的附件
   C. 下载资源时，优先考虑安全性较高的绿色网站
   D. 搜索下载可免费看 VIP 影片的播放器

2. 一般而言，Internet 防火墙建立在一个网络的(　　)。
   A. 控制连接　　　B. UDP 连接　　　C. 数据连接　　　D. IP 连接

3. 在安装新的 App 时，弹窗提示隐私政策后，最简单的做法是(　　)。
   A. 跳过阅读尽快完成安装
   B. 粗略浏览，看过就行
   C. 仔细逐条阅读后，再进行判断是否继续安装该 App
   D. 以上说法都对

4. 以下(　　)不属于计算机信息系统安全的三个相辅相成、互补互通的有机组成部分。
   A. 安全策略　　　B. 安全法规　　　C. 安全技术　　　D. 安全管理

5. 病毒的传播机制主要有(　　)。
   A. 移动存储　　　B. 电子邮件　　　C. 网络共享　　　D. 以上均是

二、填空题

1. _____是指防止对资源的未授权使用，包括防止以未授权方式使用某一资源。
2. 信息交换加密技术分为两类，分别为_____和_____。
3. 包过滤型防火墙工作在OSI参考模型的_____层。
4. 在非对称加密中，_____和_____必须同时使用才能打开相应的加密文件。
5. 鉴别交换使用_____技术，由发送方提供，而由接收方验证来实现鉴别。

三、简述题

1. 简述网络安全的概念。目前网络安全正面临哪些威胁？
2. 简述数字签名的含义。
3. 简述病毒的特征以及防治计算机病毒的对策。

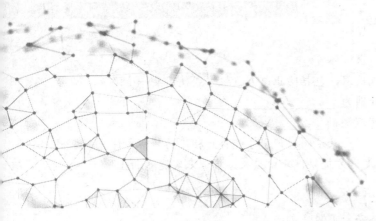

工作场景 11　网络系统建设与运维

场景引入：

通过场景 1~场景 10 的学习和实践，农业产业园网络工程技术人员已经掌握了园区网络的规划、实施和维护知识和技能，同时，初步具有了服务器配置与管理能力，现需要根据网络系统建设与运维的步骤和内容规划该农业产业园网络，配置和管理产业园服务器以满足产业园和客户的需求，并对建设的网络系统和服务器进行测试和维护。

知识目标：

- 掌握网络系统建设与运维技术。
- 掌握网络系统建设与运维步骤。
- 掌握网络系统建设与运维内容。

能力目标：

- 根据网络系统建设与运维步骤分析网络需求。
- 根据网络系统建设与运维步骤设计网络系统。
- 根据网络系统建设与运维步骤配置、测试网络系统。
- 根据客户需要，配置、测试和维护服务器。

素质目标：

- 通过计算机网络技术知识和技能的应用，树立正确的价值观和发展观。
- 通过分析设计网络系统和服务器服务，树立正确的学习观。
- 通过网络系统建设与运维、服务器配置与管理，树立正确的实践观。

思维导图:

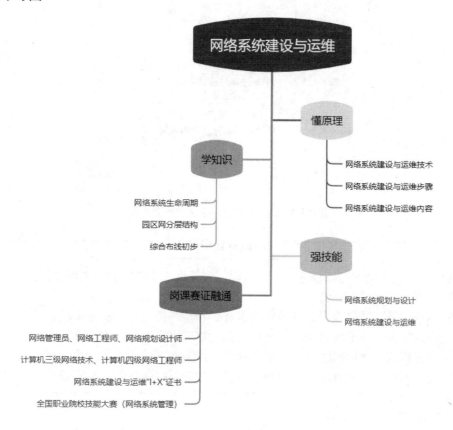

工作任务 1　认识网络规划设计和具体实施

11.1.1　网络系统生命周期模型

一个网络系统从构思开始,到最后被淘汰的过程称为网络生命周期。网络系统的生命周期与软件生命周期类似,首先它是一个循环迭代的过程,每次循环迭代的动力都来自于网络应用需求的变更。其次,每次循环过程中,都存在需求分析、规划设计、实施调试和运营维护等多个阶段。一般来说,网络规模越大,则可能经历的循环周期也越长。每一个迭代周期都是网络重构的过程,不同的网络设计方法,对迭代周期的划分方式是不同的。常见的迭代周期主要有三种(四阶段、五阶段、六阶段),这三种迭代周期可以灵活运用,但是实施后的效果都是为了满足用户的网络需求,本书重点介绍经典的迭代周期五阶段。

迭代周期五阶段主要包括需求规范阶段、通信规范阶段、逻辑网络设计阶段、物理网络设计阶段及实施阶段。在这五个阶段中,每个阶段都是一个工作环节,每个环节完毕后才能进入下一个环节,形成了特定的工作流程,如图 11-1 所示。

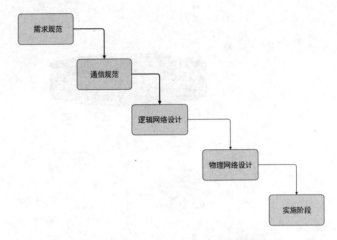

图 11-1　5 阶段网络系统生命周期模型

> **岗课赛证融通**
>
> 网络系统生命周期可以划分为 5 个阶段，实施这 5 个阶段的合理顺序是(　　)。(选自网络工程师认证考试真题)
> A．需求规范、通信规范、逻辑网络设计、物理网络设计、实施阶段
> B．需求规范、逻辑网络设计、通信规范、物理网络设计、实施阶段
> C．通信规范、物理网络设计、需求规范、逻辑网络设计、实施阶段
> D．通信规范、需求规范、逻辑网络设计、物理网络设计、实施阶段

1. 需求规范阶段

在需求规范阶段，需要对网络需求进行分析，与用户从多个角度做深度交流，最后得到比较全面的需求。

需求范围为：功能需求、应用需求、计算机设备需求、网络需求、安全需求。

(1) 功能需求：用户和用户业务具体需要的功能。

(2) 应用需求：用户需要的应用类型、地点和网络带宽的需求；对延迟的需求；吞吐量需求。

(3) 计算机设备需求：主要是了解各类 PC 机、服务器、工作站、存储等设备以及运行操作系统的需求。

(4) 网络需求：主要是网络拓扑结构需求、网络管理需求、资源管理需求、网络可扩展的需求。

(5) 安全需求：主要包括可靠性需求、可用性需求、完整性需求、一致性需求。

2. 通信规范阶段

在通信规范阶段，需要进行网络体系分析，通过分析网络通信模式和网络的流量特点，发现网络的关键点和瓶颈，为逻辑网络设计工作提供有意义的参考和模型依据，从而避免了设计的盲目性。

1) 通信模式分析

需要确定网络中的通信模式。通信模式有对等通信模式、客户机/服务器(C/S)通信模式、浏览器/服务器通信模式、分布式计算通信模式四种。

2) 通信边界分析

需要确定局域网通信边界(广播域、冲突域)、广域网通信边界(自治区域、路由算法区域和局域网交界)、虚拟专用网络通信边界。

3) 通信流分布分析

需要汇总所有单个信息流量的大小。

3. 逻辑网络设计阶段

在逻辑网络设计阶段，需要确定逻辑的网络结构，依据用户分布、特点、数量和应用需求等形成符合的逻辑网络结构，大致得出网络互连特性即设备分布，但不涉及具体设备和信息点的确定。简略地说，此阶段的任务是根据需求规范和通信规范实施资源分配和安全规划。

逻辑网络设计工作主要包括网络结构的设计、物理层技术选择、局域网技术选择与应用、广域网技术选择与应用、地址设计和命名模型、路由选择协议、网络管理和网络安全等。

逻辑网络设计的一个重要概念是分层化网络设计模型。

1) 分层化网络设计模型

(1) 接入层：网络中直接面向用户连接或访问网络的部分称为接入层，接入层的作用是允许终端用户连接到网络，因此接入层交换机具有低成本和高端口密度的特性。接入层的其他功能有用户接入与认证、二三层交换、QoS、MAC 地址过滤等。

(2) 汇聚层：位于接入层和核心层之间的部分称为汇聚层，汇聚层是多台接入层交换机的汇聚点，它必须能够处理来自接入层设备的所有通信流量，并提供给核心层的上行链路，因此汇聚层交换机与接入层交换机比较需要更高的性能、更少的接口和更高的交换效率。汇聚层的其他功能有访问列表控制、VLAN 间的路由选择执行、分组过滤、组播管理、QoS、负载均衡、快速收敛等。

(3) 核心层：核心层的功能主要是实现骨干网络之间的优化传输，骨干层设计任务的重点是冗余能力、可靠性和高速的传输。网络核心层将数据分组从一个区域高速地转发到另一个区域，快速转发和收敛是其主要功能。网络的控制功能是最好尽量少在骨干层上实施。核心层一直被认为是所有流量的最终承受者和汇聚者，所以对核心层的设计及网络设备的要求十分严格。核心层的其他功能有链路聚合、IP 路由配置管理、IP 组播、静态 VLAN、生成树、设置陷阱和报警、服务群的高速连接等。

岗课赛证融通

1. 大型局域网通常划分为核心层、汇聚层和接入层，以下关于各个网络层次的描述中，不正确的是(　　)。(选自网络工程师认证考试真题)

    A. 核心层承担访问控制列表检查　　B. 汇聚层定义了网络的访问策略

    C. 接入层提供局域网络接入功能　　D. 接入层可以使用集线器代替交换机

2. 下列关于网络汇聚层的描述中，正确的是(　　)。(选自网络工程师认证考试真题)

    A. 要负责收集用户信息，例如用户 IP 地址、访问日志等

    B. 实现资源访问控制和流量控制等功能

    C. 将分组从一个区域高速地转发到另一个区域

    D. 提供一部分管理功能，例如认证和计费管理等

2) 网络系统设计原则

网络系统设计原则主要包括以下几个方面。

(1) 考虑设备先进性，但不一定必须采用最先进的设备，需要考虑合理性。

(2) 网络系统设计应该采用开放的标准和技术。

(3) 网络设计应该考虑近期目标和远期目标，要考虑其扩展性，为将来扩展考虑。

(4) 结合实际情况进行设计考虑。例如，对于金融业务系统的网络设计，应该优先考虑高可用性；对于轨道交通系统，应该优先考虑安全性和可靠性；对于小型企业的网络设计时应该优先考虑经济性。

岗课赛证融通

根据用户需求选择正确的网络技术是保证网络建设成功的关键，在选择网络技术时应考虑多种因素。下面的各种因素中，不正确的是(　　)。(选自网络工程师认证考试真题)

A. 选择的网络技术必须保证足够的带宽，使得用户能够快速地访问应用系统

B. 选择网络技术时不仅要考虑当前的需求，而且要考虑未来的发展

C. 越是大型网络工程，越是要选择具有前瞻性的网络技术

D. 选择网络技术要考虑投入产出比，通过投入产出分析确定使用何种技术

---

4. 物理网络设计阶段

在物理网络设计阶段需要确定物理网络的结构，即依据逻辑网络设计的要求确定设备的具体物理分布和运行环境。

1) 设备选择原则

(1) 接入层：提供多种固定端口数量搭配供组网选择，可堆叠、易扩展；在满足技术性能要求的基础上，最好价格便宜、使用方便、即插即用、配置简单；支持二层交换和高带宽链路；支持 ACL 和安全接入；具备一定的网络服务质量、控制能力及端对端的 QoS；支持三层交换、远程管理和 SNMP 等。

(2) 汇聚层：提供多种固定端口数量搭配供组网选择，可堆叠、易扩展；在满足技术性能要求的基础上，最好价格便宜、使用方便、即插即用、配置简单；支持 IP 路由，提供高带宽链路，保证高速数据转发；具备一定的网络服务质量、控制能力及端对端的 QoS；提供负载均衡的自动冗余链路、远程管理和 SNMP 等。

(3) 核心层：数据的高速交换、高稳定性；保证设备的正常运行和管理；支持提供数据负载均衡和自动冗余链路、设备虚拟化、生成树等。

此外，设备选型还应该考虑下列因素。

(1) 所有网络设备尽可能选择同一厂家，这样在设备互连性、协议互操作性、技术支持、价格等方面都有优势。

(2) 尽可能保留并延长用户对原有网络设备的投资，减少在资金上的浪费。

(3) 选择性价比高、质量过硬的产品，使资金的投入产出达到最大值。

(4) 根据实际需要进行选择。选择稍好的设备，尽量保留现有设备，或降级使用现有设备。

(5) 网络设备选择要充分考虑其可靠性。

(6) 厂家技术支持，即定时巡检、咨询、故障报修、备件供应等服务是否及时。

(7) 产品备件库，设备出现故障时是否能及时更换。

岗课赛证融通

1. 在层次化网络设计中，(　　)是分布层/接入层交换机的选型策略。(选自网络工程师认证考试真题)

A. 提供多种固定端口数量搭配供组网选择，可堆叠、易扩展，以便由于信息点的增加而进行扩容

B. 在满足技术性能要求的基础上，最好价格便宜、使用方便、即插即用、配置简单

C. 具备一定的网络服务质量和控制能力以及端到端的 QoS

D. 具备高速的数据转发能力

2. 下列有关网络设备选型原则中，不正确的是(　　)。(选自网络工程师认证考试真题)

A. 所有网络设备尽可能选取同一厂家的产品，这样在设备可互连性、协议互操作性、技术支持、价格等方面都更有优势

B. 在网络的层次结构中，主干设备选择可以不考虑扩展性需求

C. 尽可能保留并延长用户对原有网络设备的投资，减少在资金投入上的浪费

D. 选择性价比高、质量过硬的产品，使资金的投入产出达到最大值

---

2) 综合布线

综合布线是指支持语音、数据、图形图像应用的布线技术。综合布线支持 UTP、光纤、STP、同轴电缆等各种传输载体，能支持语音、图形、图像、数据多媒体、安全监控、传感等各种信息的传输。综合布线系统由工作区子系统、水平子系统、干线子系统、设备间子系统、管理子系统、建筑群子系统 6 个部分组成。

(1) 干线子系统：也称为垂直干线子系统，是各水平子系统(各楼层)设备之间的互连系统。

(2) 水平子系统：连接干线子系统和用户工作区，是各个楼层配线间的配线架到工作区信息插座之间所安装的线缆。

(3) 工作区子系统：是由终端设备连接到信息插座的连线组成的，包括连接线和适配器，工作区子系统中信息插座的安装位置距离地面的高度为 30～50cm；如果信息插座到网卡之间使用无屏蔽双绞线，布线距离最大为 10m。

(4) 设备间子系统：位置处于设备间，并且集中安装了许多大型设备(主要是服务器、管理终端)的子系统。

(5) 管理子系统：该系统由互相连接或交叉连接的配线架、信息插座式配线架及相关跳线组成。

(6) 建筑群子系统：将一个建筑物中的电缆、光缆延伸到建筑群的另外一些建筑物中的通信设备和装置上。建筑群之间往往采用单模光纤进行连接。

综合布线系统组成如图 11-2 所示。

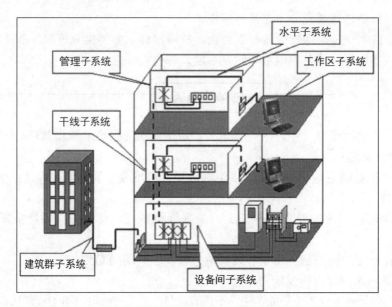

图 11-2 综合布线系统组成

> **岗课赛证融通**
>
> 建筑物综合布线系统中的工作区子系统是指( )。(选自网络工程师认证考试真题)
> A. 由终端到信息插座之间的连线系统　　B. 楼层接线间的配线架和线缆系统
> C. 各楼层设备之间的互连系统　　　　　D. 连接各个建筑物的通信系统

5. 实施阶段

实施阶段主要是进行网络设备安装、调试及网络运行时的维护工作。

1) 安装

根据前面的工程成果实施环境准备、设备安装调试的过程,安装阶段的主要输出就是网络本身。应该产生下列输出。

(1) 逻辑网络结构图和物理网络部署图,以便于管理人员快速了解和掌握网络的结构。

(2) 符合规范的设备连接图和布线图,同时包括线缆、连接器和设备的规范标识。

(3) 运营维护记录和文档,包括测试结果和数据流量记录。

(4) 在安装开始之前,所有的软/硬件资源必须准备完毕,并通过测试。在网络投入运营之前,必须准备人员、培训、服务和协议等资源。

2) 测试

网络设备完成安装后,需要对设备的网络性能和质量进行测试,检查网络中所有设备链路的完整性,如丢包测试、时延测试、吞吐量测试、冗余测试,以验证部署网络对需求的实现。在测试线路的主要指标中,近端串扰是指电信号传输时在两个相邻线对之间会产生耦合的现象。同时,集肤效应、绝缘损耗、阻抗不匹配、连接电阻等因素也会造成信号沿链路传输时的损失。

3) 维护

网络安装完成后,接受用户的反馈意见和监控网络的运行是网络管理员的任务。网络投入运行后,需要做大量的故障监测和故障恢复,以及网络升级和性能优化等维护工作。网络维护也是网络产品的售后服务工作。

诊断网络故障的过程应该沿着 OSI 7 层或 TCP/IP 4 层模型从物理层开始向上进行。首先检查物理层,然后检查数据链路层,以此类推,确定故障点。

网络故障通常有以下几种可能。

(1) 物理层中的物理设备相互连接失败或者硬件和线路本身的问题。
(2) 数据链路层的网络设备的接口配置问题。
(3) 网络层网络协议配置或操作错误。
(4) 传输层的设备性能或通信拥塞问题。
(5) 网络应用程序错误。

岗课赛证融通

如果发现网络的数据传输很慢,服务质量也达不到要求,应该首先检查哪一个协议层工作情况?( )。(选自网络工程师认证考试真题)
A. 物理层　　　　B. 会话层　　　　C. 网络层　　　　D. 传输层

11.1.2 园区网分层设计模型

园区网(或数据中心)将其网络流量分为两种类型,一种是数据中心外部用户和内部服务器之间交互的流量,这样的流量称作南北向流量或者纵向流量;另外一种就是数据中心内部服务器之间交互的流量,也叫东西向流量或者横向流量。

早期数据中心的流量,80%为南北向流量,现在已经转变成 80%为东西向流量。数据中心网络流量由"南北"为主转变为"东西"为主,主要是随着云计算的到来,越来越丰富的业务对数据中心的流量模型产生了巨大的冲击,如搜索、并行计算等业务,需要大量的服务器组成集群系统,协同完成工作,这就导致服务器之间的流量变得非常大。

岗课赛证融通

在网络设计阶段进行通信流量分析时可以采用简单的 80/20 规则,下面关于这种规则的说明中,正确的是( )。(选自网络工程师认证考试真题)
A. 这种设计思路可以最大限度地满足用户的远程联网需求
B. 这个规则可以随时控制网络的运行状态
C. 这个规则适用于内部交流较多而外部访问较少的网络
D. 这个规则适用的网络允许存在具有特殊应用的网段

为了方便网络管理,园区网络通常按照功能或业务进行分层分区设计,园区内部网络包括终端层、接入层、汇聚层、核心层、出口区,园区外部的其他园区、分支、出差员工

等通过 Internet 或专线与园区内部实现互通。目前，常用的园区网架构分为二层架构、三层架构和大二层架构三种。

1. 园区网二层架构

园区网二层架构分为单核心和双核心两类，双核心设计增加了园区网的可靠性，但是增加了组网成本。该架构使用核心和接入交换机组网，整体用户承载不多，网络组网能力有限，通常适用的场景为小型园区网和追求组网性价比的园区。园区网二层架构如图 11-3 所示。

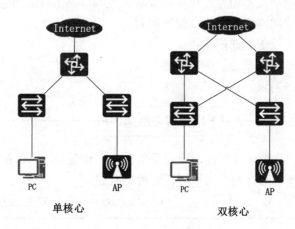

图 11-3　园区网二层架构

二层架构中的用户网关位于核心交换机，涉及到静态路由、VLAN、STP 和 VRRP 等协议；东西向流量互通时，若用户处于同一 VLAN，则在二层区域完成寻址通信；若用户处于不同 VLAN，则需核心网关完成寻址通信。南北向流量互通时，用户流量到核心网关，通过路由抵达出口完成通信。

使用二层架构需注意以下问题。

(1) 环路问题。接入交换机不宜级联过多，级联线路容易接成环路，一旦引起网络环路，整网可能会出现瘫痪。

(2) 安全问题。整个网络广播域较大，需注意 ARP 欺骗及基于二层网络传播的病毒攻击。

(3) 如果采用双核心冗余，不建议采用 STP+VRRP 的方式，可选用支持虚拟化+链路聚合的核心交换机进行组网，避免二层震荡。

2. 园区网三层架构

园区网三层架构也分为单核心和双核心两类。三层架构组网增加了汇聚交换机，用户网关从核心交换机变为汇聚交换机，汇聚交换机在三层和二层区域之间承担"媒介传输"的作用。三层结构承载的用户数量更多，适用于中大型园区网和追求网络组建稳定的场景。园区网三层架构如图 11-4 所示。

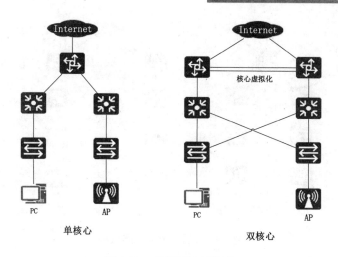

图 11-4 园区网三层架构

三层架构中,核心层是园区网的骨干,也是园区数据交换的核心,连接区域网的各个功能区块,实现高速数据交换;汇聚层完成数据的汇聚或交换功能,提供网络基本功能,如网关、路由、QoS、安全;接入层为终端提供接入能力,有足够的端口密度。

园区网三层架构由核心交换机、汇聚交换机和接入交换机组成,用户网关一般部署在汇聚交换机上,涉及的协议有:静态路由、OSPF、核心虚拟化、链路聚合、STP 和 VRRP 等。

东西向流量互通时,若用户处于同一 VLAN,则在二层区域完成寻址通信;若用户处于同一汇聚不同 VLAN,只需汇聚网关即可完成寻址通信;若用户处于不同汇聚,则需先到各自汇聚网关,再抵达核心,通过路由抵达要通信的汇聚,最后找到接入完成通信。南北向流量互通时,用户流量先上行到汇聚网关,然后到核心,最后通过路由抵达出口完成通信。

该架构的优点如下。

(1) 层次化:三层架构,功能清晰、架构稳定、易扩展、易维护。
(2) 模块化:一个模块对应一个部门或者功能。
(3) 冗余性:双点冗余设计,提高可靠性,不提倡过度冗余。
(4) 对称性:方便部署、拓扑直观、便于分析和设计。

使用三层架构需注意以下问题。

(1) IP 网段划分:园区网规模较大,需要细致规划好 IP 网段、VLAN、OSPF 路由区域等。制定规则做到地址段连续、后期能扩展、有规律方便记忆,以免后期整网 IP 地址网段混乱。

(2) 业务通路规划:汇聚之间使用三层路由,基于二层互通的特殊应用(例如打印机、部分广播、部分一卡通)要规划好业务通路,避免后期因为隔离导致业务无法通信。

3. 大二层架构

大二层架构与三层架构非常相似,最直观的区别在于汇聚交换机纳入二层区域,核心交换机作为三层区域和二层区域的传输中心。大二层架构如图 11-5 所示。

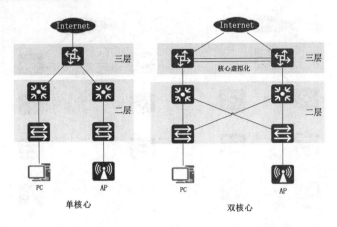

图 11-5　园区网大二层架构

大二层架构的用户网关位于核心交换机，东西向流量和南北向流量与二层架构相同，相比三层架构，大二层拥有更简单的通信模型和组网结构，适用于中大型园区网，尤其是云和大数据中心。大二层架构在关注园区 IP 规划的同时，还应该注意以下两点。

(1) 二层网络隔离：大二层园区网规模大，如果不做二层或者广播域的隔离设计，很容易受到大面积广播风暴的影响及二层网络传播病毒的攻击。

(2) 交换机性能：核心交换机要考虑性能和容量(ARP、MAC 等)是否能够满足园区所有用户作为网关接入。

在实际的网络工程中，选择结构模型的判断标准主要有以下两点。

(1) 网络规模(自底向上法)：即网络接入点或用户数量。

(2) 业务需求(自顶向下法)：主要体现在业务是否需要网络隔离以及如何隔离。

这两条标准一般在实际应用中同时采用，相互印证或补充。当两种标准的判断结果不相同时，采取就高不就低的原则，选择层数最多的结果作为统一的最终结果。实际的网络工程中，还需要对网络和信息安全进行设计和部署。

工作任务 2　农业产业园网络系统建设与运维

网络系统建设与运维的主要工作内容是通过分析农业产业园各用户需求，得到农业产业园网络需求，根据网络需求设计农业产业园网络拓扑和设备选型，最后部署和测试农业产业园网络，并对运行中的网络实施维护工作。网络系统建设与运维的步骤如图 11-6 所示。

图 11-6　网络系统建设与运维的步骤

需求分析是网络系统建设与运维过程中最为重要的部分，调查是基础，分析是目的，全面的调查是为了进行正确的分析得出恰当的结论。而恰当的用户需求分析是进行正确网络系统设计的基础与前提，需求分析成功与否，决定着网络系统建设的成败，也决定着后期部署的网络系统能否满足用户的需求,以及网络系统的性能、稳定性、可靠性和安全性等。需求分析分为用户需求分析和网络系统需求分析两个部分。

11.2.1 用户需求分析

用户需求分析在整个网络系统建设过程中处于非常重要的位置,网络系统建设与运维的所有工作都是为了满足用户需求,所以,用户需求分析在一定程度上决定了网络系统建设项目的成败。用户需求分析包含了很多方面的内容,一般使用调查法(如问卷调查、座谈、访谈等),调查的内容主要包括一般状况用户调查和需求调查。一般状况用户调查包括用户网络系统使用环境、企业组织结构、地理分布、发展状况、行业特点、人员组成和分布,以及用户对网络系统的期望和要求。而需求调查主要包括性能、功能、应用、安全等方面。调查之后,还要依据用户预算针对上述调查结果进行成本/效益评估,以正式文件的形式向项目负责人和用户提交成本/效益评估报告。这不但要求网络工程技术人员具有专业的知识和技能、必要且足够的调查经验,应对用户对网络系统细节的需求,还要求网络工程技术人员具有数据、成本分析能力,这样所设计的网络系统才能满足成本/效益。

该农业产业园网络技术人员通过调查分析,得到的用户需求如下。

(1) 农业产业园规划占地约3000亩,分为种植、养殖、物流、办公、游客接待5个区域,并规划与所在地的若干村实施农业合作社。

(2) 农业产业园区域内布设有大量的网络视频监控设备。种植区、养殖区的视频监控设备用于监控农作物和动物的长势等;物流区、办公区、游客接待区的视频监控设备用于监控人员和财产情况,提供安全保障;种植区、养殖区还布设有大量的土壤、空气、水肥等检测设备,所检测数据上传到农业产业数据中心,供农业专家研判使用;办公区设有安防控制中心和网络中心,同时配备了约 100 台电脑处理日常事务。产业园要求组建一个安全、稳定、可靠的园区网络,为农业生产、物流和游客提供优质的网络服务。目前,该产业园有 20 个连续的 IPv4 地址,后期还会逐步过渡到 IPv6。同时,客户要求所建设的网络可靠、稳定、安全、高带宽。

11.2.2 网络系统需求分析

网络系统需求分析要依据用户需求进行,把用户需求转换为网络技术来实现,针对上述农业产业园用户需求,所得到的农业产业园网络需求如下。

1. 农业产业园网络系统架构

园区网架构主要有 3 种类型,分别是二层架构、三层架构和大二层架构,目前常用的是三层架构和大二层架构。三层架构承载的用户数量较多,适用于中大型园区网和追求网络组建稳定的场景。大二层架构通信模型和组网结构较为简单,特别适用于云和大数据中心网络。根据用户需求,该农业产业园网络规划为三层架构。

2. 农业产业园网络系统 VLAN 规划

种植、养殖、物流、办公、游客接待这 5 个区域的功能和数据流量有非常大的区别,因此,根据 VLAN 划分的原则,应该划分 5 个 VLAN。但是,在现实的网络应用场景下,这 5 个 VLAN 是远远不够的，需要根据农业产业园的实际需求继续细化 VLAN 信息。

3. 农业产业园网络系统冗余性规划

该农业产业园对网络提出了稳定性和可靠性技术的要求，一个稳定、可靠的园区网离不开冗余性，因此，该农业产业园网络选择生成树、链路聚合等冗余性技术。

4. 农业产业园网络系统路由规划

由于农业产业园划分了多个 VLAN，而部分 VLAN 之间有相互通信的需求，例如，视频监控数据要上传到数据中心服务器，但是，要实现不同 VLAN 之间的通信，必须借助路由技术。

路由技术总体分为两大类，静态路由和动态路由。静态路由通过手工配置，消耗网络设备的硬件资源较少，路由精确且效率高，但是，配置和维护较为复杂，不适合规模性路由配置；动态路由技术使用路由协议自动计算和更新路由，易于配置和维护，适合规模性的路由配置。在实际的路由应用中，往往使用动态路由结合静态路由的方式，因此，该农业产业园网络也采用这种方式规划路由。

该农业产业园部分网络通信需求描述如下。
(1) 所有视频监控数据都需要上传到数据中心服务器。
(2) 安防中心实时显示监控数据，安防人员能够调取监控数据。
(3) 所有检测数据都需要上传到数据中心服务器。
(4) 农业专家和产业园管理层能够实时查看种植区、养殖区检测数据，也可以调取历史数据。
(5) 财务部门、人事部门等敏感部门的数据不能被其他部门访问。
(6) 视频监控和检测设备不能访问互联网。

5. 农业产业园网络系统可靠性规划

通过 MSTP 技术完成了农业产业园网络的二层冗余规划，实现了该网络的部分可靠性。VRRP、链路聚合、BFD、NQA、多线接入等技术将进一步提高网络的可靠性，提升用户的网络使用体验。

6. 农业产业园网络系统安全性规划

当产业园网络路由部署后，所有 VLAN 之间就实现了通信，若某些 VLAN 之间不需要通信，或者某些 VLAN 用户不能与外网通信，以保证数据的安全性，该需求可以通过 ACL 来实现。

由于产业园网络 IP 规划时采用了私网地址，部分 VLAN 访问互联网需要采用 NAT 技术来实现。同时，为了保障数据中心数据的安全性，需要隐藏数据中心服务器 IP 地址，也可以采用 NAT 技术来实现。

非法用户或终端访问网络会带来安全隐患，主要表现在用户非法访问了权限范围外的网络资源，导致服务器数据泄露；用户发送大量源 MAC 不同的数据导致交换机 MAC 表占满，从而导致合法设备无法接入网络；远程连接攻击，窃取用户名、密码等信息。可以通过 AAA、ACL 和 SSH 等技术来解决安全问题。

11.2.3 农业产业园网络系统设计

一个网络系统需求分析完成之后，便需要对网络系统进行设计，在设计过程中，要严格按照网络系统分析结果进行，如果发现需求分析部分细节不明确或者有误，需要重新进行调查、分析，确定这些细节，然后才能重新开展设计工作。由于网络系统的特殊性，要遵循"一例一案"的标准进行，网络工程技术人员不可根据以往经验自行决定。

1. 农业产业园网络系统设备选型和 IP 规划

接入层网络设备主要连接监控和主机等终端设备，负责终端数据的收集和数据传输，数据流量较小，选择 2700 系列交换机。汇聚层和核心层网络设备是产业园数据流量汇聚和交换的地方，数据流量较大，汇聚层选择 5700 系列交换机，核心层选择 7700 系列交换机，具有无线 AC 功能。产业园网络与 Internet 的连接可以选择 6000 系列防火墙，或者选择 3600 系列路由器。所有交换机支持 POE 和 IPv6 技术。

网络设备选型完成之后，需要对网络设备进行规划和配置。为保证网络设备和产业园数据的安全性，所有设备用户使用强密码。为保证产业园网络的易维护性，所有网络设备遵循以下命名规则。

(1) 接入层设备：JR_区域名简称_用途简称_编号。
(2) 汇聚层设备：HJ_编号。
(3) 核心层设备：HX_编号。
(4) Internet 接入设备：Internet。

为了提高产业园网络的稳定性和可靠性，通信介质以光纤和超六类非屏蔽双绞线为主，光纤用来布设产业园骨干网，同时用于汇聚层与核心层、核心层与 Internet 接入设备之间的连接；双绞线用来连接室内和室外各类短距离的网络终端，在室外远距离通信的环境下，选择光纤通信，同时预埋线管，在室内环境下选择暗装，并远离强电线缆和设备；开放网络选择无线介质，无线网络控制器 AC 和接入点 AP 支持多频和 Wi-Fi 6 技术。

由于产业园 IPv4 地址有限，所以使用 A 类私网 10.0.0.0 来规划内部网络，并使子网划分技术把该 A 类网络划分成 8 个子网，其中 5 个子网分配给 5 个区域，1 个子网分配给网络监控和检测设备，为后期网络扩展保留 2 个子网。20 个公网 IPv4 地址中，5 个预留给数据中心服务器使用，15 个做其他用途或保留不用。

2. 农业产业园网络系统 VLAN 设计

首先是种植区，该区域的网络终端以视频监控和检测设备为主，检测设备主要包括空气、土壤、光照、水肥、温度等不同的检测仪器，因此，该区域至少需要划分 6 个 VLAN，为了扩展需要和方便管理，给该区域分配 10 个 VLAN，即 VLAN 2～VLAN 11。选择基于接口的 VLAN 划分技术。

接着是养殖区，该区域的网络终端也是以视频监控和检测设备为主，检测设备主要包括温度、光照、氧气、二氧化碳、硫化氢等不同的检测仪器，因此，该区域至少需要划分 6 个 VLAN，为了扩展需要和方便管理，给该区域分配 10 个 VLAN，即 VLAN 12～VLAN 21。选择基于接口的 VLAN 划分技术。

游客接待区的网络终端以视频监控、服务终端和游客移动终端为主，因此，该区域至少需要划分 4 个 VLAN，为了扩展需要和方便管理，给该区域分配 10 个 VLAN，即 VLAN 22~VLAN 31。视频监控、服务终端选择基于接口的 VLAN 划分技术，游客移动终端选择基于 IP 的 VLAN 划分技术。

物流区的网络终端以视频监控、服务终端、客户移动终端和工作人员主机为主，因此，该区域至少需要划分 5 个 VLAN，为了扩展需要和方便管理，给该区域分配 10 个 VLAN，即 VLAN 32~VLAN 41。视频监控、服务终端和工作人员主机选择基于接口的 VLAN 划分技术，客户移动终端选择基于 IP 的 VLAN 划分技术。

办公区主要包括产业园管理和服务部门，以及网络数据中心，按照 VLAN 划分原则，一个管理和服务部门分配一个 VLAN，为了扩展需要和方便管理，给该区域分配 50 个 VLAN，即 VLAN 42~VLAN 91。网络数据中心使用 VLAN 100。

为了方便 VLAN 管理和维护，VLAN 使用时从所分配的最小 ID 号开始，并且，每一个 VLAN 要配置 VLAN 名称，格式为 VLAN_区域名简写_功能名简写。例如种植区视频监控终端所在的 VLAN 名称可以定义为 VLAN_ZZQ_SPJK。

农业产业园 VLAN 规划完成之后，需要对 IP 网络进行二次子网划分，使得每个区域功能不同的 VLAN 对应一个子网，实现流量隔离和数据安全性要求。

3. 农业产业园网络系统冗余性设计

STP 通过设备和链路冗余，能给产业园网络提供稳定、可靠的网络，但是 STP 收敛速度慢，客户感知明显。当主设备工作时，所有的网络流量都经过该设备，负载较重，极端情况下，网络会出现拥塞，影响用户的网络使用体验，而备用设备完全处于空闲状态，没有充分利用网络资源，造成了浪费。农业产业园中有大量的网络终端和 VLAN，数据流较大，因此，STP 技术并不适合该农业产业园网络。

RSTP 通过设备和链路冗余，能给产业园网络提供稳定、可靠的网络，收敛速度快。但是，当主设备工作时，所有的网络流量都经过该设备，负载较重，极端情况下，网络会出现拥塞，影响用户的网络使用体验，而备用设备完全处于空闲状态，没有充分利用网络资源，造成了浪费。农业产业园中有大量的网络终端和 VLAN，数据流较大，因此，RSTP 技术并不适合该农业产业园网络。

MSTP 与 VLAN 相结合，可以设置多棵生成树，不仅能给产业园网络提供稳定、可靠的网络，并且收敛速度快。在使用 MSTP 技术规划生成树时，根据网络流量的性质和大小分成两个部分，每个部分使用不同的主、备设备，这样就实现了流量的负载分担，充分利用了设备。

种植区视频监控设备流量走 HX_01 交换机，HX_01 即为其主设备，HX_02 为其备用设备；让种植区检测设备流量走 HX_02 交换机，HX_02 即为其主设备，HX_01 为其备用设备。

养殖区视频监控设备流量走 HX_01 交换机，HX_01 即为其主设备，HX_02 为其备用设备；让养殖区检测设备流量走 HX_02 交换机，HX_02 即为其主设备，HX_01 为其备用设备。

游客接待区和物流区视频监控设备流量走 HX_01 交换机，HX_01 即为其主设备，HX_02 为其备用设备；让游客接待区和物流区其他终端数据走 HX_02 交换机，HX_02 即为其主设备，HX_01 为其备用设备。

办公区视频监控设备流量走 HX_01 交换机，HX_01 即为其主设备，HX_02 为其备用设备；让办公区其他终端数据走 HX_02 交换机，HX_02 即为其主设备，HX_01 为其备用设备。

4. 农业产业园网络系统路由设计

首先是动态路由技术的应用，根据农业产业园现有规模和远期规划，选择 OSPF 路由协议，实现不同 VLAN 之间通信需求，在互联网接入设备上，使用静态路由技术设置默认路由，减少该设备上路由表规模，提高路由查找和数据转发效率。

在农业产业园网络冗余性规划时，我们设计了 MSTP，实现了二层流量负载分担，因此，在实现农业产业园网络和互联网互访时，需要实现三层流量的负载均衡，此时需要在汇聚层设备上配置浮动路由。

5. 农业产业园网络系统可靠性设计

该农业产业园网络汇聚层交换机和核心层交换机都规划有 VRRP 应用。其中，汇聚层交换机 VRRP 主要实现 VLAN 网关冗余，为 VLAN 通信提供可靠性；核心层交换机 VRRP 主要实现汇聚层交换机上行链路 IP 冗余，为汇聚层交换机和核心层交换机之间的通信提供可靠性。

为了保证网络正常通信，实现三层数据流量均衡和负载分担，需要在网络中的三层设备上规划浮动路由，该网络通过设置 OSPF Cost 值实现。

为了增加数据通信带宽，汇聚层和核心层交换机之间使用链路聚合技术。需要说明的是，如果汇聚层和核心层交换机支持堆叠技术，就可以同时在汇聚层交换机之间、核心层交换机之间做堆叠，进一步增加网络带宽。

农业产业网络数据中心承载着农业产业园大量业务数据，内外网用户在访问和使用这些数据时，会带来大量的网络流量，因此，汇聚层交换机与数据中心交换机之间需要规划链路聚合，增加网络带宽。

单一的互联网接入出现故障时，产业园网络与外网的通信便中断了，这样，会给产业园各种对外业务和应用带来很大的影响。因此，为提高互联网接入的可靠性，所规划的产业园网络使用了多线接入技术，接入多个运营商网络，当某个互联网接入点出现故障时，对应的业务和应用能切换到其他互联网接入点。

当网络出现故障时，VRRP、OSPF 虽然也能实现网络收敛，但收敛速度较慢，用户感知明显，网络体验性较差；同时，互联网多线接入使用的是静态路由，上线链路一旦出现故障，静态路由没有故障检测机制会导致部分内外网通信中断，影响农业产业园部分对外业务和应用。因此，为加快网络收敛速度，所规划的网络使用了 BFD 联动技术，主要应用场景如下。

（1）为加快 VRRP 收敛速度，所规划的农业产业园网络使用了 BFD 联动技术，通过 BFD 检测 VRRP 实时运行情况，当链路出现故障时，BFD 能实现快速故障检测和网络快速收敛。

（2）汇聚层交换机和核心层交换机都规划有运行 OSPF 协议的浮动路由,实现网络流量负载均衡。BFD 联动与 OSPF 相结合，当网络出现故障时，能实现 OSPF 网络的快速收敛。

（3）为实现互联网多线接入静态路由故障检测，使用 BFD 联动技术互联网接入，当某运营商网络出现故障时，BFD 能快速检测到故障，并实现线路切换，保障内外网通信的可靠性。

6. 农业产业园网络系统安全性设计

农业产业园网络系统安全性主要使用 ACL、NAT 和 AAA 认证来实现，其中，根据农业产业园网络需求，所设计的 ACL 规则如下。

(1) 每个区域视频监控 VLAN 允许与数据中心 VLAN 通信，其他拒绝。
(2) 视频监控服务器只能与安保系统 VLAN 和安保人员 VLAN 通信，其他拒绝。
(3) 每个区检测设备 VLAN 允许与数据中心 VLAN 通信，其他拒绝。
(4) 检测时数据服务器只能与管理层人员 VLAN、农业和种植专家 VLAN 通信，其他拒绝。
(5) 财务部门和人事部门 VLAN 拒绝与其他部门 VLAN 通信，但可以访问互联网。
(6) 每个区域视频监控和检测设备 VLAN 不能访问互联网。

具体的 NAT 方案如下。

(1) 私网地址访问互联网，采用动态 NAPT 技术，实现私网地址到公网地址的转换。
(2) 数据中心 IP 地址隐藏，采用静态 NAT 技术，把数据中心服务器公网 IP 一对一转换成其他公网 IP 地址。

针对安全问题，分别采用下列方案保障农业产业园网络安全。

(1) 采用 AAA 认证防止非法用户入侵。
(2) 采用 ACL 实施动态授权，保障不同用户享有不同的网络访问权限。
(3) 针对远程连接访问，可采用 SSH 协议进行防范。

学习任务工单 1　在 eNSP 上设计农业产业园网络拓扑

姓名		学号		专业	
班级		地点		日期	
成员					

1. 工作要求

(1) 掌握 eNSP 的安装与使用。
(2) 掌握常用的园区网架构和使用场景。
(3) 根据农业产业园网络需求分析和设计结果设计网络拓扑。
(4) 掌握应用 Visio 绘制网络机架图的基本操作。

2. 任务描述

网络工程技术人员完成了农业产业园网络的需求分析和设计，现需要根据需求分析和设计的结果对农业产业园设计网络拓扑，为农业产业园网络系统部署、测试和维护服务。请根据前面学习过的知识和掌握的技能在 eNSP 上完成。

3. 任务步骤

步骤 1：安装并运行 eNSP，测试能否正常运行。

步骤 2：选择合适的设备放置到拓扑搭建区。

步骤 3：使用"连接线"，连接网络设备。

步骤 4：根据需求分析和设计结果，为拓扑中的设备备注名称。

步骤 5：保存网络拓扑图，命名为"农业产业园网络系统"。

4. 讨论评价

(1) 任务中的问题：

(2) 任务中的收获：

教师审阅：

学生签名：
日　　期：

工单评价

国家综合布线工程验收规范制定工单评价标准(GB 50312—2007)

考核项目	考核内容	操作评价	
		满　分	得　分
eNSP 的安装	eNSP 安装与使用	20	
使用 eNSP 设计农业产业园网络拓扑	新建基本网络图	20	
	正确选取网络设备	30	
	绘制网络拓扑图	25	
	保存网络拓扑图	5	
合计			

学习任务工单 2　农业产业园网络系统规划

姓名		学号		专业	
班级		地点		日期	
成员					

1. 工作要求

(1) 掌握 IP 规划技术。
(2) 掌握 VLAN 规划技术。
(3) 掌握冗余性规划技术。
(4) 掌握可靠性规划技术。
(5) 掌握路由规划技术。
(6) 掌握安全性规划技术。

2. 任务描述

网络工程技术人员完成了农业产业园网络的需求分析和设计，现需要根据需求分析和设计的结果对农业产业园设计进行 IP、VLAN 等技术规划。请根据需求分析和设计结果，结合前面学习过的知识和技能，完成下面的规划内容。

1) IP 规划(含测试用主机)

设备名称	端口	IP 地址	用途
HJ-1	GE0/0/1	10.1.1.2/30	HJ-1 与养殖区监控交换机

2) VLAN 规划

VLAN ID	VLAN 名称	网段	用途
VLAN 10	YZQ-JK	192.168.10.0	养殖区监控

3) 设备管理规划

设备类型	型号	设备名称	密码	用途
路由器	AR2220	HJ-1	123	汇聚层交换机

4) 端口互联规划

本端设备	本端端口	端口配置	对端设备	对端端口
Internet	GE0/0/1	10.1.1.2/30	HX-1	GE0/0/1

5) SSH 服务规划

型号	设备名称	SSH 用户名	密码	用户等级	VTY 认证方式
S5700	HJ-1	HJ	Hj123&	15	AAA

3. 任务步骤

步骤 1：IP 规划。
步骤 2：VLAN 规划。
步骤 3：设备管理规划。
步骤 4：端口互联规划。
步骤 5：SSH 服务规划。

4. 讨论评价

(1) 任务中的问题：

(2) 任务中的收获：

教师审阅：

学生签名：
日　　期：

工单评价

国家综合布线工程验收规范制定工单评价标准(GB 50312—2007)

考核项目	考核内容	操作评价	
		满 分	得 分
农业产业园网络规划	IP 规划	20	
	VLAN 规划	20	
	设备管理规划	20	
	端口互联规划	20	
	SSH 服务规划	20	
合计			

学习任务工单 3　农业产业园网络系统部署和测试

姓名		学号		专业	
班级		地点		日期	
成员					

1. 工作要求

(1) 掌握网络系统基础配置。
(2) 掌握网络系统 VLAN 配置。
(3) 掌握网络系统冗余性配置。
(4) 掌握网络系统路由配置。
(5) 掌握网络系统可靠性配置。
(6) 掌握网络系统安全性配置。

2. 任务描述

网络工程技术人员完成了农业产业园网络的需求分析和设计，并根据需求分析和设计的结果对农业产业园设计进行了 IP、VLAN 等技术规划。请根据需求分析、设计和规划结果，结合前面学习过的知识和技能，完成拓扑中每个设备的配置和测试，并把配置和测试结果粘贴到电子文档中。

例如：汇聚层交换机 HJ-1 的配置和测试。

设备：汇聚层交换机 HJ-1
此处粘贴配置结果
使用 display saved 命令查看配置结果，并把结果粘贴到表格中
此处粘贴配置结果，主要使用 ping 命令测试连通性，使用 display 命令查看技术配置结果
使用 display vrrp ****，查看 vrrp 配置是否正确，并把结果粘贴到表格中

3. 任务步骤

步骤 1：网络系统基础配置。
步骤 2：网络系统冗余性配置。
步骤 3：网络系统 VLAN 配置。
步骤 4：网络系统路由配置。
步骤 5：网络系统可靠性配置。
步骤 6：网络系统安全性配置。

4. 讨论评价

(1) 任务中的问题：

(2) 任务中的收获：

教师审阅：

学生签名：
日　　期：

工单评价

国家综合布线工程验收规范制定工单评价标准(GB 50312－2007)

考核项目	考核内容	操作评价	
		满　分	得　分
农业产业园网络规划	网络系统冗余性配置	20	
	网络系统 VLAN 配置	20	
	网络系统路由配置	20	
	网络系统可靠性配置	20	
	网络系统安全性配置	20	
合计			

知识和技能自测

学号：	姓名：	班级：	日期：	成绩：

某大学新校区网络需求描述如下，请根据学习过的知识和技能完成该校园网的分析、设计、部署和测试。

1. 网络应用需求

(1) 校园网与 Internet 连接，使师生可通过互联网获取资源和信息。
(2) 建设学校网站，实现学校的对外宣传以及发布学校内部信息。
(3) 在校园网内实现文件传输共享。
(4) 实现学校行政、教师的无纸化办公。
(5) 学生个人信息管理与查询系统。
(6) 图书馆电子化，实现图书信息搜索。
(7) 校园生活电子化(如：一卡通消费、转账交纳网费、电费、水费，个人账户网上管理和查询)。
(8) 校内网络辅助教育教学(如：广播、组播、上机考试等)。
(9) 电子邮件系统。

2. 安全需求

(1) 校园网接入 Internet，应使用防火墙的过滤功能来防止网络黑客和其他非法入侵者入侵网络系统，并对接入 Internet 用户进行权限控制。
(2) 设置用户权限，对不同的用户分组进行权限限制。
(3) 按照相应标准进行局域网的建设，确保物理层安全。
(4) 使用主机访问控制手段加强对主机的访问控制。
(5) 划分安全子网，加强网络边界的访问控制，防止内外的攻击威胁，定期进行网络安全检测，建立网络防病毒系统。
(6) 建立身份认证系统，对各应用系统本身进行加固。

3. 技术需求

(1) 为确保校园网的性能及安全需求，采用 100/1000Mbps 光纤以太网作为校园网的主干。主干网承担了整个学校网络包交换、子网划分、网络管理等重要任务，应采用具有三层路由功能、包交换性能高的交换机作为主干网的节点机，分布在网络中心、图书馆、教学楼、实训楼、食堂、教师公寓和学生公寓。
(2) 建立一个网络中心，配置相应的服务器及路由交换等设备。网络中心可对整个校园网进行管理，并作为校内连接 Internet 的网络关口，承担防御过滤等安全功能。对校内各网络节点进行监控，防止病毒的传播。
(3) 校园的主要建筑有图书馆、教学楼、实训楼、食堂、教师公寓、学生公寓，必须在这些建筑物内安装足够信息点以及信息终端以满足用户的需求。

(4) 干线系统采用星型分布式拓扑结构，分为工作区子系统、水平子系统、管理子系统、垂直干线子系统、建筑群子系统、设备间子系统。

(5) 以学生公寓为例，每幢学生公寓有 6 层，每层有 12 间宿舍，每间宿舍须设 4 个信息点。据此应该在每层设集线箱，每幢公寓有一个管理间，管理间内设二层交换设备。

(6) 网络中心相应的配置有 E-mail 服务器、FTP 服务器、Web 服务器及防火墙等设备。

(7) 每个校园为一个虚拟局域网，为管理不同性质用户应划分不同子网，进行 IP 地址分配以及相应的路由配置。针对我校有两个校区的情况，可通过公共网络采用 VPN 将两个校区连在同一虚拟局域网。

4. 其他需求

做好应急设备的准备，应有相应的备用设备，以作为紧急情况下的网络保障。

参 考 文 献

[1] 谢希仁. 计算机网络[M]. 8版. 北京：电子工业出版社，2021.
[2] 盛立军. 计算机网络技术基础[M]. 上海：上海交通大学出版社，2017.
[3] 李志球. 计算机网络基础[M]. 5版. 北京：电子工业出版社，2020.
[4] 肖明. 计算机网络基础教程[M]. 北京：清华大学出版社，2014.
[5] 吴辰文. 计算机网络基础教程[M]. 北京：清华大学出版社，2022.